《傅雷家书》中让我们受益一生的70个好习惯

习惯具有很强的约束力，往往在不知不觉中影响我们的成长，左右我们的成败。有些时候，我们失败了，不是败给了谁，而是败给了自己的某种习惯、某种思维定式、某种习惯的性格倾向！

《傅雷家书》中
让我们受益一生的
70个好习惯

简澹 编著

研究出版社

图书在版编目（CIP）数据

《傅雷家书》中让我们受益一生的70个好习惯 / 简澹编著.
— 北京：研究出版社，2013.4（2021.8重印）
（越读越聪明）
ISBN 978-7-80168-799-9

Ⅰ.①傅…

Ⅱ.①简…

Ⅲ.①习惯性—能力培养—青年读物②习惯性—能力培养—少年读物

Ⅳ.①B842.6-49

中国版本图书馆CIP数据核字（2013）第083602号

责任编辑：傅旭清　　责任校对：张璐

出版发行：研究出版社
　　　　　　地　址：北京1723信箱（100017）
　　　　　　电　话：010-63097512（总编室）　010-64042001（发行部）
　　　　　　网址：www.yjcbs.com　E-mail: yjcbsfxb@126.com
经　　销：新华书店
印　　刷：北京一鑫印务有限公司
版　　次：2013年6月第1版　2021年8月第2次印刷
规　　格：710毫米×990毫米　1/16
印　　张：14
字　　数：185千字
书　　号：ISBN 978-7-80168-799-9
定　　价：38.00元

前　言

在日常生活当中，无论我们是否愿意，习惯总是无处不在。关于习惯，我国有句谚语形容得非常贴切："习惯之始，如蛛丝；习惯之后，如绳索。"在习惯养成之前，我们要坚持做一件事情是很难的，就像蛛丝，轻轻一扯就会断；但是习惯一旦养成，它就好像绑缚我们的绳索，要挣脱它就不那么容易了。习惯具有很强的约束力，往往在不知不觉中影响我们的成长，左右我们的成败。所以说，有些时候，我们失败了，不是败给了谁，而是败给了自己的某种习惯、某种思维定式、某种习惯的性格倾向！

培根曾深有感触地说："习惯真是一种顽强而巨大的力量，它可以主宰人的一生，因此，人从幼年起就应该通过教育培养一种良好的习惯。"青少年正处于成长阶段，是习惯养成和定型的关键阶段。所以，对他们来说，培养好习惯、克服坏习惯的要求更加迫切。那么，如何养成好习惯、戒掉坏习惯呢？正确的引导是必须而且是最重要的。如果说习惯是一颗种子，那么思想就是提供它生命能量的养料。只有引导孩子从思想上认同好习惯的重要性，认识坏习惯的危害，才能让他们主动去养成好习惯，与坏习惯说"再见"。否则强迫孩子，只能事与愿违。而关于这一点，《傅雷家书》无疑给了我们一个很好的借鉴。

傅雷（1908—1966）是我国著名的翻译家、教育家、美术评论家，一生译著宏富。《傅雷家书》是傅雷及夫人写给儿子傅聪和傅敏的书信编纂而成的一本集子。爱子之情本是人之常情，而傅雷对儿子始终把道德与艺术放在第一位，把舐犊之情放在第二位。信中首先强调的，是一个年轻人如何做人、如何对待生活的问题。傅雷一生严谨、一丝不苟，有良知，正直，为人坦荡。在书信中，他现身说法，用自己的经历和人生经验教导儿子待人要谦虚，做事要严谨，礼仪要得体；遇困境不气馁，获大奖不骄傲；要有国家和民族的荣辱感，要有艺术、人格的尊严，做一个"德艺兼备、人格卓越的艺术家"。同时，傅雷也对儿子的生活进行了有益的引导，对日常生活中如何劳逸结合、正确理财，以及如何正确处理人际关系等问题，都像良师益友一样提出意见和建议，拳拳爱子之心，溢于言表。

为了让青少年更方便快捷地汲取《傅雷家书》的智慧精华，我们编纂了这本《<傅雷家书>中让我们受益一生的70个好习惯》。

本书从《傅雷家书》中精选出傅雷先生教导儿子需养成的70个好习惯，并分门别类，分为七大类："科学生活，活力充沛"；"掌握窍门，学习高效"；"培养美德，走遍天下"；"梳理情绪，快乐常随"；"以礼待人，提升魅力"；"灵活处世，一帆风顺"；"智慧做事，事半功倍"。在具体内容上，先摘录原书中的语句，然后通过短小精悍的小故事，对这些优秀习惯进行阐述和拓展，语言通俗生动，让小读者跟随傅雷先生的谆谆嘱咐，克服坏习惯，养成好习惯，为成功添砖加瓦。

培养一个好习惯，收获一生的幸福；纠正一个坏习惯，收获一生的财富！让我们跟随傅雷先生，收获一生受益的好习惯。

目 录
CONTENTS

第三章 培养美德，走遍天下

第四章 梳理情绪，快乐常随

第五章 以礼待人，提升魅力

第六章 灵活处世，一帆风顺

第七章 智慧做事，事半功倍

第一章 科学生活，活力充沛

KEXUE SHENGHUO HUOLI CHONGPEI

早睡早起身体好

> 平日生活要过得有规律一些，晚上睡觉切勿太迟。睡眠太迟与健康最有影响。这些你都深自克制。
>
> ——摘自《傅雷家书·一九五六年十月十日》

古书《管子》有云："起居不时，则形累而寿命损。"唐代的药王孙思邈是个百岁老人，他也总结出："是以善摄生者，卧起有四时之早晚，兴居有至和之常制。"美国著名总统本杰明·富兰克林有一句名言："早睡早起使人健康，富有而明智。"

因而不难看出，如果想要长寿健康，想要富兰克林所说的"富有而明智"，养成早睡早起的习惯是很重要的。

我们人体内部的运行是非常微妙的，存在许多有规律的现象，如正常的作息规律是白天干活，晚上睡觉。顺应大自然的节拍而起居作息的人不仅会健康，工作的效率还会提高，而且会变得更加美丽。

台湾"才女影后"张艾嘉多年来早已养成了晚上11点前睡觉，早晨5点起床的习惯。每天天还没亮就起床，第一件事先打坐冥想，5点半去打高尔夫球，回来之后洗个澡，做早餐，然后开始工作，天天如此。日本作家美波纪子曾在其《变成晨型人，对健康、美容、工作超有效》一书中列出早起的各种好处，其中就包括不用擦保养品，气色也会很好。变美丽更是早起的另一个附加好处。

我们的身体结构是在数百万年的"日出而作，日落而息"的节律中形成的。我们应该顺应自然，按照大自然的生物钟来安排自己的生活。

很多现代都市人都有这样的经历，由于学习或赶工作，连续加班熬了几夜，每次都是忙到凌晨两三点钟，结果一觉睡到次日中午。这样算下来睡眠的时间其实也不短，足有10个小时以上，但是第二天起床时却总觉得像没休息过一样，昏昏沉沉的，总提不起精神，这就是违反了人体正常生理睡眠节律的后果。

如果经常"开夜车"，打乱正常的生活节律，就会影响睡眠质量，次日起床后会感觉精神疲惫，头脑不清醒，不仅影响第二天的工作和生活，也危害到健康。偶尔这样几次还不要紧，影响不大，可是如果长时间这样的话，会打乱大脑正常休息的节律，胸闷、心慌、头晕、健忘、腰酸、失眠、烦躁、脾气变差、口腔溃疡等症状就很可能出现。

曾获诺贝尔物理学奖的丹麦物理学家尼尔斯·玻尔年轻的时候就对科学痴迷，经常晚上一两点钟还不肯结束试验，一味埋头研究而不懂得休息和锻炼。他的父亲认为这绝不是可喜的，作为一个要想毕生献身于科学事业的人，必须懂得休息、娱乐和锻炼。因此，父亲找他深谈了几次，一定要他改变这样的生活方式，并且告诉他：如果继续这样做将失去健康，而失去健康则意味着失去工作的权力！

而德国著名思想家伊曼努尔·康德，与玻尔正相反，他非常注意规律作息、锻炼身体。他幼年时身体非常虚弱，右肩高，个子也矮，看起来像个发育不良的人，但是他清楚地意识到如果身体不好则将一事无成，因此为了锻炼身体，他在哥尼斯堡大学教学期间，每晚10点上床，清晨5点起床，每日讲课、与师生谈话、吃饭散步的时间都有严格的规定，连续30年准确无误。海涅曾戏谑地说："我已经不相信城里大教堂的自鸣钟能胜过它的市民康德了。"先天体质不佳的康德因为规律的生活习惯——早睡早起，健康地活到80多岁，78岁时还能笔耕不辍。

科学、规律的作息安排有利于保证高质量的睡眠。良好的睡眠可以帮助我们消除疲劳，恢复体力和精力，以便更好地投入到第二天的工作和学习中去。

吃东西需讲究

我一向知道你不注意起居饮食，为了演出可以废寝忘食，还要跑东跑西，何其劳累。在你年富力强的时候，也许还不觉得，但迟早要影响健康，跟你算总账的。

——摘自《傅雷家书·一九五九年十月一日妈妈执笔》

在古代，"人生七十古来稀"，南宋著名诗人陆游却有着85岁的高寿，作为中国文学史上最高产的诗人之一，他65岁后才进入个人创作的成熟期和巅峰期。陆游为何能够高寿？其实无论从家庭、生活、事业各方面来说，陆游都不能说优越，他与唐婉的婚姻悲剧几乎家喻户晓。加之他心忧天下，常为国事悲愤不已。这一切都更充分证明了他的长寿自有其养生的独到之处。他根据自己的养生经历，留下了"世人个个学长年，不悟长年在目前。我得宛丘平易法，只将食粥致神仙"，以及"雪霁茅堂钟磬清，晨斋枸杞一杯羹"等关于饮食调养养生的诗句。据文献记载，他对饮食颇有研究。陆游在晚年出现肾气渐亏、肝阴不足，而导致两眼昏花、眼力不济的情况。从那时起，他开始经常服用以枸杞熬制的粥进行调治，此外，他在饮食方面也像孔子一样十分讲究"不时，不食"——即不吃不当时令的菜蔬。可以说，良好的饮食习惯造就了陆游的高寿，而高寿又为他的创作"加分"不少。

饮食合理是健康的保证，健康是生命的本钱。良好的饮食习惯对一个人的成长和幸福至关重要。

医学专家提出，我们的身体是由无数微小的活细胞所组成的，这些细胞不断生长、坏死及再生，人体需要良好的营养以维持其重要的新陈代谢作用——成长、修补及重生。我们的机体细胞均需要获得全面均衡的营养才能达到这些效果。当全身细胞获得了所需营养后，肌体就达到了最佳状态，从而新陈代谢得到改善，免疫系统得到增强，精力更充沛，甚至连头发与皮肤也更有光泽。

那么，身体所需的丰富的营养元素又是从何而来的呢？毫无疑问，饮食是各种营养素的直接来源。没有饮食，便没有生命。饮食是生命的基础，健康饮食是拥有健康体魄的根本保证。所以说，只有健康饮食，才能保证身体机能的正常运转，从而使人们摆脱疾病的困扰，焕发出健康美丽的光彩。

因此，养成一个良好的饮食习惯是非常重要的。那么，什么样的饮食习惯才是合理的呢？

首先得合理膳食。每天摄入多种食物，才能满足人体各种营养需要，达到营养均衡、促进健康的目的。多种食物应包括以下五大类：一，谷类（米、面、杂粮）及薯类（马铃薯、甘薯等）；二，动物性食物（肉、禽、鱼、奶、蛋等）；三，蔬菜水果类（鲜豆、根茎、叶菜、茄果等）；四，豆类及其制品（大豆、豆腐、豆浆等）；五，纯热能食物（动植物油、淀粉、食用糖和酒类）。

其次，还应遵循"早吃好、午吃饱、晚吃少"的原则。吃好早餐很重要，很多人对于这一点没有充分重视。由于早上时间最为紧张，有的人又赖床，就来不及吃早餐。这样，对大脑的损害非常大，因为不吃早餐造成人体血糖低下，对大脑的营养供应不足，而上午又是功课或者工作最多的时候，大脑需要的能量得不到供应，长期下去，会影响学习或者工作，对于正在成长的青少年而言，还会影响大脑的发育。

中小学生处在生长发育的飞跃期，是一生中长身体、长知识的重要时期，在此阶段的生长速度最快，个体的身高、体质基本定型。所以我们必须注重合理膳食。如今中小学生的饮食健康情况非常令人担忧，像很多同学营养并不均衡，三餐不定，吃饭没胃口，却非常爱吃路边摊的油炸小吃。烤红薯、烤鱿鱼、麻辣烫、羊肉串、臭豆腐等是最普遍也最受欢迎的选择，然而这些街头的美味却隐藏着很大的健康威胁：烤红薯铁桶可能装过工业油；油炸饼，油中的铝超标，有的还含有敌敌畏，过度摄入铝可能致痴呆症。烤羊肉串历来很多人最爱，可你要是知道这些滋滋冒油的串上肉很可能是过期的猪肉、病死的牛肉甚至猫肉，你还敢吃吗？所以我们要做到以下几点：

第一，选择有"卫生许可证"的饮食摊，不吃路边摊的食品。

第二，不吃过期变质食品。

第三，不买小厂家生产的三无食品。

第四，饭前洗手，以防病从口入。

第五，不要用塑料制品盛放高温食物。

第六，不吃颜色鲜艳的肉类食品。

第七，一日三餐按时吃，注意营养均衡。

会休息，才会有效率

身体还得保重，别为了多争半小时一小时，而弄得筋疲力尽。从现在起，你尤其要保养得好，不能太累，休息要充分，常常保持fresh（饱满）的精神。好比参加世运的选手，离上场的日期愈近，身心愈要调理得健康，精神饱满比什么都重要。

——摘自《傅雷家书·一九五四年十二月二十七日》

我们有时会看到这样的情况：某同学学习极其用功，在学校学，回家也学，不时还熬熬夜，题做得数不胜数。这样的人埋头苦学，信奉"书山有路勤为径，学海无涯苦作舟"，然而成绩却总是上不去。究其原因，沉浸于书山题海之中，将自己一切可利用的时间都投入到学习中，这样的学习只会让人疲倦，而过度的疲倦会导致记忆力衰退、失眠等，学习效率自然就跟不上了。

没有适当的休息，机体就不能工作，人体的设计就是如此。心脏是动静平衡，劳逸结合最好的一例。

心脏几乎全是肌肉，它是人体中最强健，最有活力的部分。心脏大概每秒钟跳一次，把血液挤到全身去。它的工作量是惊人的，每天平均要收缩十万次，排出两千多加仑血液，正常情况下从不漏掉一次跳动。如果将这些血液集中起来，足够装满一节火车上装油的车厢；而每天所供应出来的能量，也高得惊人。那么一个拳头大小的心脏，为什么能承受如此重的任务呢？大家对此深感怀疑，但这确实是个事实。心脏并非像人们想象的那样，一天24小时，分秒不差地不停工作。心脏的工作是如此沉重，就要求周期的休息，不然它就不可能持续七八十年或更长。每次心脏收缩之后，接着就有一个短暂的休息舒张。健康的心脏收缩占大概1/10秒，其余的大概9/10是休息的，休息期间，心脏获得的氧气和各种营养物质，使它能继续保持很高的工作效率。全天算起来它只工作9小时，其余15小时都处于休息状态。

身体其他的器官也是这样地在工作和休息，循环不息。

我们整个身体都有张弛的节拍，适当的休息不仅会延年益寿，还有改善脑力和体力的效能。

美国棒球名将康黎·马克说，每次出赛之前如果他不睡一个午觉的话，到第五局就会觉得筋疲力尽了。爱默生认为他无穷的精力和耐力，都来自他能随时想睡就睡的习惯。80岁的亨利·福特健康的秘诀是："能坐下的时候我决不站着，能躺下的时候我决不会坐着。"美国陆军的训练办法是：常常休息，照你心脏做事的方法去做——在疲劳之前先休息。

养成良好的休息习惯，不但能提高工作效率，还能使人以一个良好的精神状态去应对工作和学习。

英国在第二次世界大战中为了生产大量的战略物资，许多工厂一周工作72个小时，但工人的平均产量相当于66个小时，而且工人变得烦躁异常，精神萎靡，事故和废品直线上升。后来工厂主减少了每周的工作时间，结果废品和旷工少了，而且工人精神好转，产量还令人惊奇地上升到相当于每周工作74小时的指标。

工厂主进一步实验，每周工作降低到48小时，产量却上升了15%。

英国各地的工厂证实了这一结果，接着，英国政府通过了一条法律，每周休息一天，每年至少休假两周。

列宁曾经说过，"会休息的人才会工作"，有位哲人说："睡眠和休息丧失了时间，却取得了明天工作的精力。"我们知道，弦绷得太紧，会断的，而注意学习和工作中的调节休息，不但对自己的健康有利，对事业也是大有好处的。休息的过程，是保持健康的过程，也是恢复精力的过程。这正印证了一句俗话——"磨刀不误砍柴工"。高质量的休息，让自己的身体和精神处于一种松弛的状态，在这样的过程中，我们的身体机能和精神状态都能够得到恢复。

为了我们的健康，也为了我们做事时的高效率，我们要养成保证自己充足休息的习惯，做到"该做事的时候做事，该休息的时候休息"。

以下几个方面内容可以帮助缓解疲劳，有助于帮助人们养成休息的好习惯，可供人们进行参考。

第一，平躺。

当你感觉疲劳时，可以平躺在地板上，使身体尽量伸直、放松，每天重复几次，便可驱散疲劳。

第二，接触大自然。

疲惫时，将自己投入到大自然的怀抱，这是一个非常有效的方法，你可以戴上太阳镜，躺在柔软的沙滩上，望着蔚蓝的天空，聆听大自然的呼吸，感受亲触大自然的感觉，这也是一个行之有效的方法。

第三，深呼吸。

用稳定的深呼吸平定自己，放松自己的身心，印度的瑜伽术在深呼吸这方面做得比较好，对安抚神经有很大的好处。

最后，可以给自己放个假。

会生活的人并非整年埋没于学习或工作当中，他们懂得给自己放假，懂得劳逸结合，这样才有益于身体健康。不时要给自己放个假，使自己彻底放松一下，这么做不但不会影响学习或者工作的进度，反而能够提高效率。当自己倍感疲惫时，放下学习或工作，从事自己喜欢的业余爱好，或者什么也不干，好好地放松，和朋友一起进行户外运动，和家人一同外出旅游，到一个清静的地方小憩一下，这样生活质量会有所提高，也会有更充足的激情和精力投入接下来的工作和学习中，从而更有可能取得成功。

爱收拾爱整理，好处多多

你可以将目前需要用的，拿一些出来，其余都可以装箱，只要账上记好，因为小东西容易疏忽。整理东西是件琐碎而麻烦的事，这次倒是给你训练训练，希望你有条有理，千万不可不耐烦而马虎。

——摘自《傅雷家书·一九五四年六月二十九日》

丢丢同学做事总是丢三落四、虎头蛇尾的。做作业的时候，本子、文具等放得满桌子都是，有时候，地上都是散落的书本，这就造成他在做作业的时候经常找不到书和笔。

丢丢同学的房间更是乱得一团糟，不但书本堆得到处都是，衣服也是脏的、干净的混在一起。因此要看书时总是找不到自己要的那本，早上起床的时候，总是找不到袜子。每次临出门时，总要大惊小怪地叫道："我找不到我的红领巾了！""啊，我的文具盒到哪里去了？""妈妈，有没有看到我的作业本？"

我们是不是也有这样丢三落四，经常找不到自己的学习用品或者生活用品的毛病？这些就是由于不爱收拾、不爱整理东西造成的，不仅会浪费自己的时间和精力，而且还会引发其他的坏毛病、坏习惯，例如，做事缺乏计划性和条理性。这样的人将无法井井有条地安排自己的生活，也无法有计划性地进行学习和工作。所以我们要养成爱收拾爱整理的好习惯。

富兰克林在自传中谈到，他年轻时为自己制定了13条行为规范，其中的第三条便是——"秩序"：把所有的日常用品都整理得井井有条，把每天需要做的事排出时间表，办公桌上永远都不零乱。他说有许多年轻人不太注重整理东西，因为他们自恃记忆力好，随手放的东西事后还能想起来。可是每个人都会老的，会有记忆力衰退的时候，他亲身体会了整理东西的好习惯给自己老年的生活带来了许多的便利。

整理东西不仅会给生活带来便利，节约我们的时间，而且还会使我们的心情变好。我们在生活中有这样的体会：凌乱的房间，让人心烦，其实细看看，稍微动动手，将几件急需叠放的小衣物，或展平、或收起；将书桌上的书分门别类码放整齐，偌大的房间立刻就会整洁明亮起来，心情也会豁然开朗。

下面是关于怎样养成这一良好生活习惯的两点建议，可供参考：

一，每日打扫的惯例。一天所造成的混乱通常是很容易处理的，但是每天加起来的混乱就会让状况变得越来越不可收拾！最好的方法是，每天找一个固定的时间去执行每日的打扫。例如，在吃完晚餐后，或者要换上睡衣准备睡觉前，要持续地执行。

二，分门别类，做好标记。好好地看一下自己的东西，有哪些东西是常用的，应该放在容易拿到的地方；有哪些东西是不常用的，应将这些不常用的东西装在箱子里放在顶楼。找一天在家的时间，把所有的东西排列整理，有系统地放在一起，并分别标明东西的种类或用途，例如，书、唱片、衣物等等。丢掉其他不需要的东西，或者把它们捐给慈善机构。

要有计划地花钱

再有一件要紧事，要你现在起注意的，你现在要开始学习理财了，每个月的用途，一定要有个预算，这是给你的实际的训练，钱不能用过头，要积蓄一些，以防不时之需。

——摘自《傅雷家书·一九五四年七月二十九》

中国有句俗话："天怕起秋旱，人怕老来贫。"大手大脚地花钱，到手头困窘时就会尝到苦头，为此懊悔。人生活在社会里，都应该有一个经济计划。人不像动物，只要吃饱了肚皮就什么都不管了，今天有食物就敞开肚皮吃，明天没有食物了就饿着。所以在手头宽裕时，也要有计划地花钱，做到有所节余，以备不时之需。

有一个民间故事，讲一家人，儿媳妇每次舀米做饭时，婆婆都会走过来，从中舀出一小碗米拿走，儿媳妇觉得婆婆太小气了。

这年，发生了旱灾，庄稼颗粒无收，眼看着全家都要挨饿了，这时婆婆叫儿媳妇到她屋里去拿米。儿媳妇去了，见了满满一囤米，这都是婆婆一碗一碗攒下来的。

这个故事告诉我们一个道理：要养成储蓄的习惯，宽裕时能节约则节约，会有助于预防意外情况的发生。

今天，随着经济的发展，物质财富比以往丰富多了，社会上流行超前消费，有些年轻人不管自己的经济状况如何，花大钱买名牌用品，贷款买房买车。其实不管在什么时代，节俭都是不可舍弃的美德，有许多家资万贯的富豪，在生活的消费上就十分节俭。

世界首富比尔·盖茨，从微软创业时起就非常注重节俭。他告诉员工："我们赚的每一分钱都来之不易，是我们的血汗钱，所以应该把钱花在刀刃上。"盖茨出门坐经济舱；午餐经常吃汉堡包；不穿名牌服装，喜欢购买打折商品……平日里，盖茨会选择便裤、开领衫以及运动鞋，穿得像一个大学生。他生活的信条是："一个人只有用好了他的每一分钱，他才能做到事业有成、生活幸福。"

在生活中，盖茨也从不用钱来摆阔。一次，他与一位朋友前往希尔顿饭店开会，那次他们迟到了几分钟，所以没有停车位可以容纳他们的汽车。于是他的朋友建议将车停放在饭店的贵客车位。盖茨不同意，他的朋友说："钱可以由我来付。"盖茨还是不同意，原因非常简单，贵客车位需要多付12美元，盖茨认为那是超值收费。盖茨在生活中遵循他的那句话："花钱如炒菜一样，要恰到好处。盐少了，菜就会淡而无味，盐多了，苦咸难咽。"

所以即使是花几美元钱，盖茨也要让它们发挥出最大的效益。因为他懂得消费的本质，消费不过是为了生活，而生活不能是为了消费。我们在生活中发现：追求高消费的人，讲求享受、享乐，自然精力易于分散，这会影响他的学业或者事业发展。只有养成有计划节约的消费习惯，把主要的精力放在工作和学习上，才会取得更大的成就。

这里有位"吝啬专家"省钱致富的小秘诀可供参考，他是加拿大的《吝啬家月报》的编辑尼克森，他办有一份报纸，教人有计划地花钱，节俭过日子。

尼克森在他的报纸里提供了几项节俭好习惯：

一，不断从薪水里或者零用钱里拨出部分来存银行，5%、10%、25%都可以，一定要存。

二，搞清楚自己的钱每天、每周、每月流向哪里，也就是要详细列出预算与支出表单。

三，检查、核对所有的收据，看看商家有没有多收费。

四，自带饭菜上班或者上学，这样可节省午餐费。

五，与人合乘或者自乘公共交通工具，节省停车费、汽油费以及停车的时间。

六，简化生活，分清楚"需要"和"想要"，出于"需要"而购买的东西才是不浪费的。做到理智消费、合理消费，更好地管理自己的金钱。

七，买东西的时候货比三家。买的时候别忘了想想"花这钱值不值得"，便宜货不见得划得来，贵也不一定能保证质量。这些技巧能够让我们在办同一件事情时，做到"花小钱办大事"。

综上所述，我们可以着手培养自己良好的消费习惯，只有这样，才能使我们的日常开销更加合理，而且能够培养我们自制和节俭的能力和品质，也能够让我们积累到更多的财富，何乐而不为呢？

"最基本的是要能抓紧时间"

最基本的是要能抓紧时间。你该记得我的生活习惯吧？早上一起来，洗脸，吃点心，穿衣服，没一件事不是用最快的速度赶着做的；而平日工作的时间，尽量不接见客人，不出门；万一有了杂务打岔，就在晚上或星期日休息时间补足错失的工作。这些都值得你模仿。

——摘自《傅雷家书·一九五五年十二月二十一日》

让我们做个假设。银行每天给我们一定数目的钱，就算24万吧，我们在这一天内可以随心所欲，想用多少就用多少，用途也没有任何规定。条件只有一个：用剩的钱不能留到第二天再用，也不能节余归己。前一天的钱用光也好，分文不花也好，第二天我们又有24万元了。

如果处于这种情况，你会怎么办呢？像大多数人一样，你会很快想出办法把每天的钱花光。开始，你会购买你最需要的东西。但如果你是精明人，你会很快想出办法把每天的钱用于投资。从长远来看这投资会使你得到更多的回报。

事实上，我们每天都面临上述的情况，因为那家"银行"给的钱就是时间。我们每天得到24小时，随便我们怎么利用，这些时间如不利用，最后也不会回来。我们的生命由时间组成，时间就是生命。时间是一种既不能停止，也不能逆转，不能贮存，也不能再生的特殊性资源，是一种一次性的消耗品。人人拥有时间，但时间对每个人的作用又是不同的。英国博物学家托马斯·赫胥黎说："时间最不偏私，给任何人都是24小时；时间也最偏私，给任何人都不是24小时。"

在大多数情况下，时间是一分钟一分钟浪费的，而不是整个钟头浪费的。时间是从"小"处溜走（浪费掉）的。人们常常认为，这儿几分钟，那儿几小时没什么，但它们的作用却很大。时间上的这种差别十分微妙，要过几年甚至几十年才看得出来。日本索尼公司的创始人盛田昭夫说："如果你每天落后别人半步，一年后就是一百八十三步，十年后即十万八千里。"让时间流逝是很容易的，发个呆，看看电视，打个游戏，一个晚上很容易就打发了。如果天天如此，一年、两年直至更长的时间，与一个抓紧时间充实自己的人一比，就明显有了差距。

其实，我们在生活中应经常动脑筋思考节省时间的办法，例如，休息娱乐的时间安排也是大有学问的，安排得巧妙，不失为一个终身受用的良好习惯。

著名电影艺术家夏衍娱乐休闲时喜欢看电影，在看一部片子之前，他会先把影片说明书拿来，了解一下故事情节。然后自己设想，假使这部片子叫我来编剧，我该怎样介绍人物，怎样介绍时代背景，怎样展开情节，怎样表现人物性格，心里打下了一个腹稿；而在电影开映之后，一边进行艺术欣赏，一边进行学习。

此外，要想成为一个时间的富有者，要学会化零为整，善于把时间的"边角余料"拼凑起来，加以利用。莫扎特经常利用理发的时间考虑创作，当理发师解开围裙时，他同时想出了理发时考虑的乐谱。为后世留下诸多锦绣文章的宋代文学家欧阳修认定："余平生所做文章，多在三上：马上、枕上、厕上。"看来，零碎的时间实在可以成就大事业。

最后，我们还要设法简化生活，腾出空余时间。居里夫人为了挤出更多的时间从事科学研究，她尽量把搞卫生扫地的时间缩短。

我们一定要珍惜时间，抓住了时间，我们的生命就延长了。不虚度时光，让自己的生存更有价值，更有意义。

常与大自然亲近，轻松活力添灵感

唯有经常与大自然亲近，放下一切，才能有relax（舒畅）的心情，有了这心情，艺术上的relax（舒畅自如）可不求而自得。我也犯了过于紧张的毛病，可是近二年来总还春秋二季抽空出门几天。回来后精神的确感到新鲜，工作效率反而可以提高。

——摘自《傅雷家书·一九六三年四月二十六日》

许多人都曾有过这样的体会：当久居都市，或者心烦意乱时，偶尔来到僻静的山谷江畔，面对连绵起伏的山和碧波荡漾的溪水河流，会感到一种解脱和自由。抑或是久雨放晴后，登山望远，天，湛蓝湛蓝，一尘不染，湖泊，明镜一般，天上的云，更是水洗似的洁白，如一片片飘动的纱，远处的河，如一条闪亮的玉带……面对大自然这样的美景，我们都会感到心情舒畅、心旷神怡。

大自然确实能让我们淡忘现实生活中的一些纷纭和烦恼，无限神秘的自然展现给我们屏气凝神的纯净，提醒我们生命比那些屑碎的小事伟大多了！恩格斯曾这样叙述过大海的自然美对人的心理所施与的神奇疗伤效果：

"望一望远方的碧绿的海面，波涛汹涌翻腾，永不停息。阳光从无数闪烁的镜子中反射到你的眼里，碧绿的海水同蔚蓝的镜子般的天空和金色的太阳熔化成美妙的色彩，于是你的一切忧思，一切关于人世间的敌人及其阴谋狡计的回忆，就会烟消云散，你就会溶化在自由的无限的精神的骄傲意识中。"

大自然是美的，欣赏自然美有利于我们的身心健康。

英国研究人员在一份报道中指出，那些每天抽出5分钟去公园或是去森林里散步，钓鱼，骑自行车，骑马或是做些农活的人，他们的身心会更加健康。

2008年公布的另一项研究表明：住在公园或树林附近可以促进身体健康和延长生命，这与其社会阶层和收入无关。

心理学教授查理德瑞安说："大自然是灵魂的源泉。"另一名罗切斯特大学的心理学教授领导了一系列的研究，结果发布：即使参与实验的人只是看着大自然的照片，看看窗外或者想想自己在户外，都会对他们产生有益影响。

查理德瑞安说："通常，当我们感到疲惫，我们会去喝咖啡，但是现在给出一个更好的方式去恢复活力，即接触大自然。"他的研究小组发现，每天在户外10分钟就足以恢复活力。

另外一些相关研究表明，生活在自然环境中有利于伤口愈合和缓解血压带来的肌肉紧张，有助于缓解抑郁和注意力缺陷多动障碍。

其实大自然给予我们的不止这些，有时候大自然还会带给我们发明创造的灵感。在紧张的学习或者工作之余，抽出时间去亲近大自然，大自然给人类的启发是多种多样的。

飞机的发明是从鸟身上得来的灵感，雷达的发明是从蝙蝠身上得来的灵感，红外探测导弹是从响尾蛇身上得出的启示……由此可见，我们身边的许多发明创造都离不开大自然的启示。

所以，为了我们的身心健康，也为了给我们的生活增添情趣，做到劳逸结合，我们应当养成多出去走走的习惯，经常去亲近大自然。例如，清晨或者傍晚去林间散散步，在阳台上或庭院里种些花花草草，周末时去爬爬山，假期时去乡下度度假，或者去名山大川进行远足……经常与自然亲近，会让我们的生活更加丰富多彩，也能让我们更有活力、更加健康。

独处时不断充实自己

一个人孤独了，思想集中，所发的感想都是真情实意。等到你有什么苦闷寂寞的时候，多多接触我们祖国的伟大诗人，可以为你遣兴解忧，给你温暖……

——摘自《傅雷家书·一九五四年七月二十九》

对许多人而言，总是难以面对独处的时光，觉得独处意味着孤独、无聊与清苦。谁愿意承受孤独？谁愿意忍耐寂寞？因此多数人总是逃避独处的时间，万不得已独处时，便以睡觉、打游戏、上网聊天等方式来消磨时间。有位西方哲人说："对无知的人来说，独处是他的一种死亡，是活着的坟墓。"

美国著名博物学家托马斯·赫胥黎说："越伟大、越有独创精神的人越喜欢孤独。"的确，自古智者都是能够适应孤独之人——他们都是乐于独处的人，在独处中观察、分析、思考、阅读，于是有了独到的见解，对生活有独特的领悟，从而感受人生的真谛。

享誉海内外的香港大学学者饶宗颐先生便是一个爱在独处中充实自己的人。余秋雨先生在谈到这位学界前辈时曾说过这样一句话："香港只要有饶公，就不能算文化沙漠。"凡知晓饶宗颐教授的人，听了这句赞扬之词，皆深信此言不虚。饶宗颐教授曾被学界赞誉为"国际瞩目的汉学泰斗，整个亚洲文化的骄傲"。他学富五车、著作等身、德高望重、门生无数，他的最难能可贵之处，就在于其学术成就不局限于某一方面，而是涵盖了甲骨学、敦煌学、词学、史学、目录学、楚辞学、考古学和金石学以及宗教史、艺术史、文学等十余个领域，这是一般学者极难做到的，也正是他的过人之处。

一个人的精力和时间往往有限，他成功的诀窍又在哪里呢？他说："要深入了解问题，不孤独不行，吃喝玩乐只是凑热闹的活动，对自己没什么好处。要研究一个问题便要回到孤独，让书本围绕你，清静地想，从孤独中发掘光芒……那就是说要利用孤独。我在独处时就爱读书，每天晚上两个小时的阅读是雷打不动的。"

饶宗颐教授数十年如一日，远离吃喝玩乐等凑热闹的活动，定心静气，甘愿坐冷板凳，"让书本围绕"自己，始终把读书放在至为重要的位置，在孤独的氛围中清静地想问题，在探索学问的天地里辛勤耕耘、锲而不舍、厚积薄发，很好地利用了孤独，化孤寂为神奇，取得了斐然可观的成就，奠定了他在学术界的崇高地位。

其实，我们每一个人都需要不时地孤独和沉思。宁静可以致远，独处时的宁静，能让人放松身心，提高分析问题的能力。

日本的美能达照相机公司专门为员工们设有一间"静坐沉思室"，里面就摆放着一张桌子和一把椅子。此室不受外界电话、信件、人和事等诸多因素的干扰，既可以让员工思考过错，也可以让员工充分发挥想象力，迸发灵感，有助于公司的管理与生产。即使有员工在里面睡上一小觉，公司也不会阻碍，因为在他们看来，这样可以让员工恢复体力和精力，以利于更好地工作，同样对公司有利。

一个人独自面对自己的时光是人类生活中最常有的，人生来就是孤独的，所以，要适应并喜欢一个人独处的时光，充分享受这时光带给自己的自由充沛的感觉，并且加以充分利用，充实自己、提升自己。

独处时，我们可以大量阅读，沉浸于古往今来大师们的杰作，会有真正的心灵感悟；我们可以写作，沉淀自己的所思所想；可以听音乐、看电影，既可放松自己的心情，又可受到艺术的熏陶；可以培养自己一门爱好或者学习一门专长，例如弹奏一种乐器，训练自己的书法；我们还可以独自出去散散步、健健身，顺便进行一下自我反省，自己该做什么而没做什么，为下一计划做好准备，认真审视自己走过的路，为接下来的生活调整方向。

第二章 掌握窍门，学习高效

ZHANGWO QIAOMEN XUEXI GAOXIAO

有计划，学习更有效

学习计划，你从来没和我细谈，虽然我有好几封信问你。从现在起到明年（一九五六）暑假，你究竟决定了哪些作家，哪些作品？哪些作品作为主要的学习，哪些作为次要与辅助性质的？理由何在？这种种，无论如何希望你来信详细讨论。

——摘自《傅雷家书·一九五五年十二月二十一日》

纽约的一家公司被一家法国公司兼并了，在兼并合同签订的当天，公司新的总裁就宣布："我们不会随意裁员，但如果你的法语太差，导致无法和其他员工交流，那么，我们不得不请你离开。这个周末我们将进行一次法语考试，只有考试及格的人才能继续在这里工作。"散会后，几乎所有人都拥向了图书馆，他们这时才意识到要赶快补习法语了。只有一位员工像平常一样直接回家了，同事们都认为他已经准备放弃这份工作了。令所有人都想不到的是，当考试结果出来后，这个在大家眼中肯定是没有希望的人却考了最高分。

原来，这位员工在大学刚毕业来到这家公司之后，就已经认识到自己身上有许多不足，从那时起，他就有意识地开始了自身能力的储备工作。虽然工作很繁忙，但他却每天坚持提高自己。作为一个销售部的普通员工，他看到公司的法国客户有很多，但自己不会法语，每次与客户的往来邮件与合同文本都要公司的翻译帮忙，有时翻译不在或兼顾不上的时候，自己的工作就要被迫停顿。因此，他早早就开始自学法语了。学习法语是需要许多时间的，他是如何解决学习与工作之间的矛盾呢？他给自己制定了合理的学习计划：每天记住10

个法语单词，一年下来就会3600多个单词了。

"凡事预则立，不预则废"。制定计划是需要培养的一种良好习惯。很多人的通病——没有计划，"脚踩西瓜皮，滑到哪里算哪里"，他们无论是学习还是做事都显得杂乱无章、手忙脚乱。有的同学认为：学校有教育计划、老师有教学计划，跟着老师走，按照学校要求办就行了，何必自己再定计划？这种想法是不对的。学校和老师的计划是针对全体学生的，每个学生还应该按照老师的要求针对自己的学习情况制定具体的个人学习计划，特别是放学以后的自学部分，更要有自己的计划。

相比之下，对于时间紧张、功课繁重的高年级学生来说，有计划的学习要比无计划学习更为重要，那应该怎样制定合理的学习计划呢？

首先，计划一定要符合自己的实际情况，适当地高一些也可以，但绝不可过高或过低。太低了，计划的内容松松垮垮，起不到督促作用，反而不如没有计划；太高了，常常完不成，那么时间一久也就会对所列计划失去信心了。一份好的计划绝不在于它的起点有多高，而在于它是不是能帮自己更好地完成学习的任务，让自己的能力得到最好的发挥。

其次，计划的时间安排应合理、科学，尽量不要让时间浪费。应该说明的是，不浪费时间并不是把所有时间都用来学习，也不是说打球、洗衣服等都是浪费时间。如周六、日的时间，我们学习的黄金时间在上午，却安排自己在整个上午做一些洗衣服、打扫房间等杂事，而中午、下午才来做作业的话，这就不能不说是一种浪费了。很多事不能不做，但要放在合适的时候做，会达到事半功倍的效果。

学习有计划并且一次次地完成了计划，可以带给我们自信和成就感，试想：当我们看到面前成堆的学习任务一个一个的完成后被狠狠地划去，就好比消灭和征服了一个个"敌人"，那就像是军人看到自己肩膀上的金星在一颗颗增加一样，是何等的酣畅淋漓。

"打地基"很重要

读俄文别太快，太快了记不牢，将来又要从头来过，犯不上。一开始必须从容不迫，位与格（基础知识）均须要记忆，你应付考试般临时强记是没用的。

——摘自《傅雷家书·一九五四年二月十日》

万丈高楼平地起，靠的是坚实的地基。基础打不牢，高楼就会摇摇欲坠，变成危楼。学习的过程如同盖楼，如果只想往上砌砖，而不注重打牢基础，总有一天楼会倒塌。因此学习基础很重要，如果不掌握好基础知识，对以后学习的内容就难以理解深刻，或者不能理解，必须依靠基础知识帮我们打好学科的根基，以后学起来才更得心应手。纪昌学射的故事就是很好的说明。

纪昌向飞卫学射箭，飞卫首先没有传授他具体的射箭技巧，却要求他必须学会眼睛盯住目标而不能眨动，纪昌花了两年，练到即使椎子向眼角刺来也不眨一下眼睛的工夫。飞卫又进一步要求纪昌练眼力，标准要达到将体积较小的东西能够清晰地放大，就像在近处看到一样。纪昌苦练三年，终于能将最小的虱子看成车轮一样大，纪昌张开弓，轻而易举地一箭便将虱子射穿。飞卫得知后，对这个徒弟极为满意。

练眼力是学习射箭的基础动作，基础动作扎实了，招式就可以千变万化。同样道理：唱戏的要天天吊嗓子，习武的要日日站马步，苦练基本功，也是学好每一门技艺的必需过程。

苦练基本功的故事同样发生在一位高考状元身上，在谈到自己的学习体会时，他说，基础知识有多重要？通过介绍一下我的学习历程就能够知道了。

事情是这样子，他从小学到初中学习成绩一直很好，于是到了高一开始就没用功，等考试了，成绩直线下滑，这时他才后悔莫及。痛定思痛，高二上学期他决定开始努力（当时他的成绩勉强排到班里前十名，580—600左右的分），于是他开始寻找学习方法，可搜了半天总结出来也只有两个字："基础"！

找到了方法，那就得"对症下药"了。他下定决心，从基础抓起，课后要求自己做到将书从头仔细看起，不断在目录和内容之间切换，将课本的基本点、核心内容都研究得很透彻。他要求自己务必做到只要是考点、只要是不顺手的，就硬着头皮做到得心应手为止。

他当时的执着程度，可以说是到了一个极限，因为当时他很清楚自己的目标——打牢基础关。具体地说，就是要找到做题身心舒畅的感觉。

时间过得很快，3个月转眼就过来，全校通考的日子到了。考试过程中，他感觉到了前所未有的舒畅！数学、物理、化学、生物这些理科科目没有一门有不顺手的地方！不久，成绩公布了，他竟然考了第一名，高中生涯中的第一个第一！当时的成绩从久久不能突破的580分直接上升到了640分。

这一次考试是他高中学习生涯的重大转折，可以说，3个月的基础知识学习，为他以后成绩继续上升打下了最坚实的基础，也为他最后高考的成功奠定了最坚实的基础。

他当时掌握基础知识的水平已经到了这样的程度：只要看书本的目录，脑中能想起书里的具体内容，并且对重点过程能理解其原理、能独立推导。当然，也正是这样，他发现了独立思考、独立推导的乐趣，从此一发不可收拾，开始接触高考题，开始接触奥赛。

他还常常把自己的学习过程和金庸先生的武侠小说的内容作类比，他说学校里的学习过程有点像普通人到某个门派去学一般的武术功夫，打基础是苦练"内功"，有了"内功"，才能更好地理解奥赛那些"武功秘籍"，再学习任何新招数那就是手到擒来了，在此基础上，通过自我学习才可练成"超级武功"。

　　我们在学习中是否也有这样的感觉：觉得自己应该已经掌握了那些基础知识，但做起来、用起来就是不顺手，如果是这样，那说明基础知识就是自己的"软肋"。现在要做的就是攻击自己的软肋，把不顺手的硬着头皮弄顺手，反感的（害怕的）咬着牙弄得透透彻彻，感觉会但一实践却不会的就将实践进行到底！有了硬实的基础知识做后盾，我们有信心，就能"冲锋"去征服难题、深题的"新高点"了。

交流让头脑不断丰富

有个博学的老师指点，总比自己摸索好，尽管他有些见解与你不同。但你还年轻，musicalliterature（音乐文献）的接触真是太有限了，乐理与曲体的知识又是几乎等于零，更需要虚心一些，多听听年长的，尤其是一个scholarship（学术成就，学问修养）很高的人的意见。

——摘自《傅雷家书·一九五五年五月十六日》

《学记》中有这样一句千古名言："独学而无友，则孤陋而寡闻。"意思是说，如果学习中缺乏交流切磋，就必然会导致知识狭隘，见识短浅。古今中外许多善于读书治学并且成大器者，大多十分重视结交师友，并在讨论与交流中获益匪浅，这即从侧面证明了以上名言。

因而，我们在学习中要与老师、长辈、同学、朋友多多交流，并从他们身上学到许多有益的经验和知识，取人之长补己之短，才能不断地丰富自己的头脑，才能博采众长、思路宽广。

在这个问题上，生活在距今约2500多年前的孔子已经给我们作了榜样。据《史记·孔子世家》和《史记·老子韩非列传》记载，孔子曾经带着弟子南宫敬叔，长途跋涉千里之遥，到当时周朝的都城雒邑（今河南省洛阳市王城公园一带）去拜见老子，请教有关"礼"的问题。

老子对前来求教的孔子坦诚相见，完全没有寒暄客套。初见面时，他听了孔子的一些看法，就不留情面地说："你所津津乐道的那些圣人，他们的骨头都已经腐朽了！他们所处的时代也和现在不同，所以他们的言论并不一定都能指导现实。况且，在人世，逢其时，就要有所作为；不逢其时，就要安稳处世。我听说：最懂得行商的商人看起来好像没有多少能力，君子有最美好的品德，在表面看来如同什么都不知道的愚人。要去掉骄傲之气和贪欲之心，如此才能成为圣人。这便是俗语所谓的'大智若愚'。"

在孔子告别老子准备启程返回的时候，老子还结合自己的丰富阅历告诫孔子：看问题太过深刻，讲话太过尖锐，容易伤害一些有地位的人，会给自己带来很大的危险。

孔子不仅虚心接受了老子的批评意见，而且给予其极高的评价。他回到鲁国后对弟子们说："吾所见老子也，其犹龙乎！学识渊深而莫测，志趣高邈而难知，老聃，真吾师也！"

众所周知，儒家与道家在很多方面是有重大分歧的。孔子并没有囿于学术流派的不同和思想观念的差异而放弃学习的机会。相反，却抱着虔诚的态度去求教于不同学派的老师，"择其善者而从之，其不善者而改之"。而事实上，孔子也的确从老子的学说中汲取了很多营养，补充了他的儒家学说。这在孔子的《论语》中就有所体现，如"修身、齐家、治国、平天下"的著名观点，就直接师承于老子。

看了以上例子，我们要学会多与老师、同学沟通。因为跟老师多沟通，老师的学识渊博，见解也自有过人之处，他们往往能给予我们学习方法上的指点，或者人生经验方面的忠告；而同学间的相互交流，既是才能和学识的互补，又是智慧和创造力的碰撞。英国戏剧大师萧伯纳说过："如果你有一个思想，我有一个思想，彼此交换，我们每个人就有了两个思想，甚至多于两个思想。"

无机化学家游效曾院士中学时代的经历就验证了大师萧伯纳的名言。游效曾院士中学就读于江西南昌第一中学，当时生活条件比较艰苦，上课的教室是砖瓦房，睡的是通铺，吃的是没有一星半点肉末的蔬菜，但这所历史悠久的著名中学有着勤奋踏实、艰苦朴素的学风，有着一批从严要求、经验丰富的教师，至今留在他记忆中的并不是生活的艰辛，而只有对知识的追求。那时，同学老师间经常找些数、理、化的难题相互交流、辩论，从数学里奥妙的"黄金分割"到物理中神奇的"伏打电池"的制作，都紧紧吸引着这群刻苦求学的少年，同学们都觉得生活充实而有意义。

在新中国刚刚成立的日子里，游效曾和同学们一样都憧憬着未来，向往成为科学家、工程师和作家。少年游效曾则因为一次酸碱滴定实验，对指示剂所呈现的奇异色彩转变产生了浓厚兴趣，从而与化学结下了不解之缘。正是在这样艰苦的，然而却是催人奋发向上的环境中，造就了一批意志坚定、心理素质过硬、勇往直前的青少年，这为他们以后走上光明的人生轨道铺平了道路。

我们都明白，人各有所长、也各有所短，多与老师、朋友、同学交流、讨论，互教互学，师友之间的"疑义相与析"，很容易加深自己对知识的理解、减轻自己对生活的疑虑，这正是一个取长补短的过程。解决了自己的疑难，学业上自然会更上一层楼，也会以更加饱满的热情面对生活。

此外，参与交流和讨论，还能锻炼自己的语言表达能力、增进彼此的友谊，同时还会对自己的身心有积极作用，比如说拥有更开放的心态、更敏捷的思维等等。

重要的一点是，我们在与师友沟通时，除了具备积极开放的态度外，还需要掌握一定的技巧和方法：

第一，讨论交流前要做好充分准备。为了使自己在讨论交流过程中正确表达自己的观点和阐明自己的理由，并让参与者心悦诚服地接受，每个同学在交流前都要做好准备工作，最好是把自己要讲的内容写成发言提纲，尽量做到胸有成竹。

第二，交流时，尽量运用准确精练的口头表达。同学们要在讨论中准确而精炼地表达自己要交流的内容，就应做到：一是言简意赅，提纲挈领。无论是介绍情况，还是发表意见、表述问题、提出见解，都要力求做到高度概括、简短明了，提纲挈领地把问题的本质特征、关键症结表达出来；二是言之凿凿，有理有据，千万不要想当然、凭臆测信口开河，要实事求是、态度严谨；三是叙述中要条分缕析、层次分明，要事先设计好讲的顺序，先讲什么、再说什么、最后讲什么，务必做到心中有数；四是要控制讲话的节奏，做到口齿清楚，语言尽量做到抑扬顿挫。

第三，在交流讨论中，同学们要有效地听，必要地记。在听其他同学发言时，要耳、手、脑并用，记要点，记疑点，记难点，记他人发言中有启发意义的闪光点。

如果想做到每参加一次交流讨论，就有一次收获的话，我们还应在交流讨论完之后，及时进行小结。将在讨论交流中对自己有启发的观点、思路、方法、意见等整理起来，用以启迪自己的灵感，以便日后更有成效地学习和掌握知识。

学问学问，既"学"且"问"

一般青年对任何学科很少能作独立思考，不仅缺乏自信，便是给了他们方向，也不会自己摸索。

——摘自《傅雷家书·一九六二年四月一日》

人们说有成就的人有"学问"。什么是"学问"？字面理解就是既"学"且"问"。"问"从何来？从疑而来。只有多疑、善疑、质疑、探疑，才能获得渊博的学识，用之于我们的事业。所以我们说：学贵质疑。明朝学者陈献章说："学贵置疑，小疑则小进，大疑则大进。疑者，觉悟之机也。"说的正是这个道理。意大利伟大的科学家和发明家伽利略的事迹就是"学贵质疑"的一个实例。

伽利略17岁那年，考进了比萨大学医科专业。他喜欢提问题，不问个水落石出决不罢休。有一次上课，比罗教授讲胚胎学。他讲道："母亲生男孩还是生女孩，是由父亲的强弱决定的。父亲身体强壮，母亲就生男孩；父亲身体衰弱，母亲就生女孩。"

比罗教授的话音刚落，伽利略就举手说道："老师，我有疑问。"

比罗教授不高兴地说："你提的问题太多了！你是个学生，上课时应该认真听老师讲，多记笔记，不要胡思乱想，动不动就提问题，影响同学们学习！"

"这不是胡思乱想，也不是动不动就提问题。我的邻居，男的身体非常强壮，可他的妻子一连生了5个女儿。这与老师讲的正好相反，这该怎么解释？"

　　"我是根据古希腊著名学者亚里士多德的观点讲的，不会错！"比罗教授搬出了理论根据，想压服他。

　　伽利略继续说："难道亚里士多德讲的不符合事实，也要硬说是对的吗？科学一定要与事实符合，否则就不是真正的科学。"比罗教授被问倒了，下不了台。

　　在伽利略生活的那个时代，研究科学的人都信奉亚里士多德，把他说的话当作不容更改的真理。亚里士多德曾说过："两个铁球，一个10磅重，一个1磅重，同时从高处落下来，10磅重的一定先着地，速度是1磅重的10倍。"这句话引起了伽俐略的质疑。伽俐略经过反复试验，结果证明：两个不同重量的铁球同时从高处落下来，总是同时着地。正是因为伽利略敢于质疑、好学善问的性格，才最终成就了这位科学巨匠。

　　人们常常把知识比作海洋，究其原因，海洋是无边际的，知识也是无止境的。这也意味着，一个人，无论他有多大的学问，总会有无知的地方，而质疑、探疑则是获取新知识的途径。正是基于这一点，法国伟大作家巴尔扎克说："打开一切科学的钥匙就毫无疑义地是问号，而生活的智慧，大概就在于逢事都问个为什么。"的确如此，如果没有达尔文对"特创论"的怀疑，就不会有"自然选择学说"的确立；如果没有哥白尼对"地心说"的怀疑，也不会有"日心说"的创立。所以说，只有"疑"才能使得我们的智慧之树开出艳丽的花，结出丰硕的果。

　　但是，我们必须明白，"疑"是建立在丰富的知识和认真思考的基础之上的，绝不是无端的猜疑或随便的怀疑。达尔文对"特创论"的怀疑，并不是一时的心血来潮，而是他随"贝格尔"号帆船环球旅行五年，观察和采集了大量的动植物标本，考察和研究了无数的地质资料，经过综合探讨之后，才向根深蒂固的"特创论"发出了强有力的挑战。这是一场真理对谬误的挑战，其结果自然是真理胜利。

不知为不知，不知便问

知之为知之，不知为不知。真诚的"不懂"，比不真诚的"懂"，还叫人好受些。最可厌的莫如自以为是，自作解人。有了真诚，才会有虚心，有了虚心，才肯丢开自己去了解别人，也才能放下虚伪的自尊心去了解自己。

——摘自《傅雷家书·一九五六年二月二十九日夜》

孔子认为，人的聪明不在于知道什么，而在于坦然地承认自己不知道什么。所以他说："知之为知之，不知为不知，是知也。"我们学习时也应该这样：知道就是知道，不要不懂装懂、弄虚作假，遇到不明白的问题要虚心向人请教。

在学习中认真踏实，养成不懂就问的好习惯，会使我们的学问得到提高，由一个个的"不知"到一个个的"知"，由"不懂"到"懂"，懂得事情多了，水平自然而然就提高了。实际上即使是一些伟大的人物，他们的学问也是这样得来的。

鲁国建有祭祀周公的太庙，孔子受邀进太庙参加鲁国国君祭祖的典礼。本来孔子年轻时干过为别人家办丧事的职业，传授礼乐又是他办教育的重要内容，因此他对那套礼乐仪式还是比较熟悉的。可是他进太庙助祭时，一进去，就问这问那，有关祭扫的每一个礼节都问到了。当时有人背地里讥笑他："谁说邹人之子，懂得礼仪？来到太庙，什么事都要问。"孔子听到人们对他的议论，答道："我对于不明白的事，每事必问，这恰恰是我要求知礼的表现啊！""每事问"的说法便由这个故事而来。

美国前总统罗斯福，许多人认为他天生博学多才，而他却坦承："我知道的许多是向别人问来的，比如向我姑妈就问来许多东西。"关于伟人、名人求知好问的故事还有许多，比如孙中山先生：

孙中山小的时候在私塾读书。那时候上课，只是先生念，学生跟着读，然后把读的段落背诵下来。至于书里的意思，先生从来不讲解。

一天，孙中山照例流利地背出了前天学的功课。先生在他的书上又圈了一段，他读了几遍，很快又背下来了。但是，书里说的是什么意思，他一点也不懂。孙中山想，这样糊里糊涂地背，有什么用呢？于是，他壮着胆子站起来，问："先生，您刚才让我背的这段书是什么意思？您能讲解吗？"

这一问，把正在摇头晃脑高声念书的同学们吓呆了，教室里顿时鸦雀无声。

先生拿起戒尺，走到孙中山跟前，厉声问道："你会背了？"

"会背了。"孙中山说着，就把那段书一字不错地背了出来。

先生收起戒尺，摆摆手让孙中山坐下，说："学问，学问，不懂就问。我原想，书中的道理，你们长大了自然会知道的。现在你们既然想听，我就讲讲吧。"

先生讲得很仔细，大家听得很认真。从此，孙中山一有不懂的事情，就主动地问，养成了良好的学习习惯，这也是他为什么能够获得大学问大成就的一个重要原因。

确实如那位先生所说："学问学问，不懂就问。"这些伟大的人物尚有不懂就问的求知习惯，我们更有必要养成这种学习习惯。

还有这样一个例子：小甲和小乙都是非常爱好文学的青年，当然，他们都希望能创造出作品成为作家。其中，小甲只是闷头读书、写作，很少与人来往，几年下来，从他笔下出来变成铅字的东西并不多。而小乙就不同了，他除了读书，还参加各种写作函授学习，并经常向人请教，请一些老师和有创作经验的朋友指点自己的习作，他因此交到了一些志同道合的朋友，还获得了许多写作的素材。因此，和小甲相比，小乙的进步很大，经常有作品发表，现在小乙已是他所在市的文联理事。

　　可见，养成不懂就问的学习习惯，不仅能使学问有长进，同时还能促进自己的人际交往，给自己带来更长远的发展机会。

迷信权威只会让自己丧失判断力

到先生那儿上过课以后，不宜回来马上在琴上照先生改的就弹，而先要从头至尾细细看谱，把改的地方从整个曲子上去体会，再在脑子里把自己原来的picture（境界）与老师改过以后的picture（境界）作个比较，然后再在琴上把两种不同的境界试弹，细细听，细细辨，究竟哪个更好，还是部分接受老师的，还是全盘接受，还是全盘不接受。

——摘自《傅雷家书·一九五五年五月十一日》

任何形式的学习，都是会的人教给不会的人：在学校里，老师把他们拥有的知识传授给我们；日常生活中，前人把他们掌握的技巧传给后人；看书的时候，作者把他们思考总结得来的智慧展示给读者。一般来说，这样传递的知识都是正确的。我们因此容易相信，别人教的都是对的。

可是，事实告诉我们，任何人都不可能永远是正确的，老师也一样。我们在学习知识的时候就应该学会思考和判断，对的可以完全吸收，错的就要敢于否定它。而如果遇到无法判断对错的知识，我们应该学会存疑，然后想办法搜集足够的证据去证明它是对的或者是错的。下面的故事就告诉我们不应当迷信权威。

有一位名叫怀特森先生的教师，是六年级学生的科学课老师。在第一堂课上，他给学生讲了一种叫作凯蒂旺普斯的东西，说那是一种夜行兽，冰川期中无法适应环境而绝迹了。他一边说，一边把一个头骨传来传去，学生们都作了笔记，后来又进行了测验。

他把学生们的试卷发下去时，学生们都惊呆了。他们答的每道题都被打了个大大的红叉。测验不及格。班里的每个人都不及格。这是怎么回事呢？

许多人都在心里嘀咕着：一定有什么地方弄错了！我是完完全全按照怀特森先生所说的写的呀！

怀特森先生解释道：有关凯蒂旺普斯的一切都是他编造出来的。这种动物从来没有存在过。所以，学生们笔记里记下的那些都是错的。

他对学生们说，试卷上的零分是要登记在他们的成绩记录簿上的。他也真这么做了。不用说，学生们都气坏了。这种测验算什么测验？这种老师算什么老师？

他们中有人站起来说："我们本该推断出来的。毕竟，正当传递凯蒂旺普斯的头骨（其实那是猫的头骨）时，您不是告诉过我们有关这种动物的一切都没有遗留下来吗？您还描述了它惊人的夜间视力，它皮毛的颜色，还有许多您不可能知道的事情。您还给这种动物起了个可笑的名字。可我们一点没有起疑心。"

怀特森先生说："我希望你们永远记住这一课。课本和老师都不是一贯正确的，事实上没有人一贯正确。我要你们时刻保持警惕，一旦认为老师错了，或是课本上错了，就大胆地说出来。"

其实，在我们日常生活和学习中，遇到自己的意见和"权威意见"相冲突的情况并不少见。如果我们没有经过思考就主动扔掉自己的看法，那么我们就会养成依附别人的习惯，没有办法在这个世界上发出自己的声音，永远只能做个跟随者甚至盲从者。

学习就应该像怀特森先生要求的那样，开动脑筋，时刻保持警惕，仔细辨别，有勇气去怀疑和指出别人的错误，有毅力去证明自己认为正确的事情。我们只有通过这样的独立思考，才能把知识真正溶化在自己的血液里，才能真正驾驭知识，而不单被知识填充。

20世纪初美国知名记者林肯·斯蒂芬斯说："没有已经完成的事情。世界上的一切事情都待完成。最美丽的画儿还没画，最伟大的剧本还没写，最优美的诗歌还未创作。世上还没有完美的铁路，最好的政府和完善的法律。物理学、数学以及最顶尖的科学还在雏形阶段。心理学、经济学和社会学正在酝酿下一个达尔文，而他的任务是在等待下一个爱因斯坦。"因而，不管在什么时代，都不要迷信权威，这样才不会扼杀创造力，创造力是超越和前进的不竭动力。创造能推动社会的发展，更能改变我们的生活，使生活越变越好。

美国圣地亚哥的克特立旅馆是一座重要建筑的诞生地。当时旅馆的管理人员觉得原来的电梯太小，必须扩建。于是，找了很多工程师来一起解决这个问题。他们设计的方案是从地下室到顶楼，一路挖一个大洞，就可以建一个新电梯了。他们的谈论被一个清洁工听到了，清洁工问他们要干什么，于是这些人解释了方案。清洁工听后说："可这样会搞得很脏、很乱呀，而且如果停业的话很多人会失去工作。"一个工程师听了清洁工的话，挑战性地问："你有更好的主意吗？"

清洁工想了想说："为什么不在旅馆的外面修电梯呢？"于是，克特立旅馆成了现在已被广为采用的室外电梯的发源地。

也许这只是清洁工的无心之言，但是如果他因为迷信管理人员和工程师而不敢作声，只是听听而已，那么，室外电梯的发明可能就要延迟了。一场小小的对话，一个挑衅的问题，一个质疑的答案，策划了一奇迹。

会学的人闻一知十

会学的人举一反三，稍经点拨，即能跃进。不会学的不用说闻一以知十，连闻一以知一都不容易办到，甚至还要缠夹，误入歧途，临了反抱怨老师指引错了。所谓会学，条件很多，除了悟性高以外，还要足够的人生经验。但若不能在理论→实践，实践→理论，具体→抽象，抽象→具体中不断来回，任何学问都难以入门。

——摘自《傅雷家书·一九六一年八月三十一日》

"至圣先师"孔子对他的学生说过："举一隅，不以三隅反，则不复也。"意思是说，我举出一个墙角，你们应该能灵活地推想到另外三个墙角，如果不能的话，我不会继续教你们新的知识了。

不能举一反三，就意味着没有"消化"所学的知识，犹如吃东西，吞进什么就吐出什么，这是消化不良的现象，是在浪费粮食。如果我们在学习上不培养自己举一反三的能力，就不能真正掌握所学的知识，也就无法汲取营养。

在一座高耸入云的山上有两座寺院——普济寺和光度寺。每日清晨，两个寺院都会分别派一个小和尚——明悟和明心，到山下的集市去买菜，两人每天几乎同时出门，所以总能碰面，经常暗地比试彼此的悟性。

一天，明悟和明心又碰面了，明悟问："你到哪里去？"明心答："脚到哪里，我就到哪里。"明悟听他这样说，不知如何回答才好，站在那里默默无语。买完了菜，明悟回到寺院向师父请教，师父对他说："下次你碰到他就用同样的话问他，如果他还是那样回答，你就说：'如果没有脚，你到哪里去？'"明悟听完点头称是，高兴地走了。

第二天早上，他又遇到明心，他满怀信心地问："你到哪里去？"没想到这次，明心回答道："风往哪里去，我往哪里去。"明悟没料到他换了答案，一时语塞，又败下阵来。明悟回到寺院，将对方的回答再次报告给师父听，师父哭笑不得，说："那你可以反问他'如果没有风，你到哪里去'嘛，这是一个道理啊。"明悟听了以后，暗暗下了决心，明天一定要胜过明心。

第三天，他又遇到明心，于是又问道："你到哪里去？"明心笑了笑，说："我到集市去。"明悟又一次无言以对。回到寺院，明悟的师父听了之后，感叹："举一反三地悟，才是真的'悟'啊。"

明悟虽然两次从师父那里学到了聪明的反问，却因为没有掌握其中的真义，所以面对明心变换了的回答，总是无言以对。当老师的如果像这位师父那样，只是简单地告诉学生问题的答案，做学生的如果也像明悟那样，听到一个答案就只能够回答一个问题，而从没想到去举一反三，这样的知识就是不消化的，是不属于自己的。

法国文艺复兴时期著名的大思想家蒙田说过，学习时应该"把别人的东西变成自己的"。要达到这个目的，正确的做法就是"知识应该同我们合二为一，而不仅仅是我们的房客"。让知识融入我们的思想中，让它拥有主动权，去举一反三、触类旁通。这样的学习才有意义，才会高效。善于创新者，往往是那些能够举一反三、闻一知十，甚至无师自通的人。

我国古代最负盛名的能工巧匠鲁班就是一个能够举一反三的人。传说现在木工所用的锯子就是鲁班发明的。

一天，鲁班到一座高山上去寻找木料。突然脚下一滑，他急忙伸手抓住路旁的一丛茅草。手被茅草划破了，渗出血来。

"怎么这不起眼的茅草会这么锋利呢？"他忘记了伤口的疼痛，扯起一根茅草细细端详，发现小草叶子边缘长着许多锋利的齿。他用这些密密的小齿在手背上轻轻一划，居然又割开了一道口子。

他想：要是我也用带有许多小齿的工具来伐树木，不就可以很快把木头锯断吗？那肯定比用斧头砍要省力多了。

于是，他就请铁匠师傅打制了几十根边缘上带有锋利的小齿的铁片，拿到山上去做实验。果然，很快就把树木锯断了。

鲁班给这种新发明的工具起了一个名字，叫作"锯"。

善于动脑的鲁班在对茅草进行观察研究之后，发现了小草边缘锋利的小齿是小草锋利无比的原因，他因此受到启发，举一反三，想要制造有许多小锯齿的工具锯树木来提高工作效率。

由此可见，举一反三需要动脑筋去思考，它是知识迁移与拓展的一种有效形式。我们在学习中如何才能做到举一反三呢？应当特别注意以下几点：

一是平时要多思考，要注意发现概念、原理的相同、相通之处。

二是注重学习方法的总结，即在学习过程中注意掌握那些具有规律性的解决问题的方式方法。把新旧知识有机地结合起来，有系统地整理成框架。所谓万变不离其宗，我们掌握了知识的体系，就能举一反三。

三是要广泛地积累各方面的知识，博学往往能让一个人更好地联想，扩大思考的范围，为新灵感的迸发创造条件。

在学习中，我们能常常做到举一反三的话，就能够学以致用了，知识才会发挥更大的价值和意义。

好记性不如烂笔头

你看过此书没有？倘未看，可有空即读，而且随手拿一支红笔，要标出（underline）精彩的段落。以后有空还得再念第二三遍。

摘自《傅雷家书·一九六一年七月七日》

我和你见了面，每次长谈过后，我一定要把你谈话的要点记下来。为了青年朋友们的学习，为了中国这么一个处在音乐萌芽时代的国家，我作这些笔记是有很大的意义的。

——摘自《傅雷家书·一九五五年四月二十一日》

做笔记是读书治学的好方法。俗话说，"好记性不如烂笔头"，"最淡的墨水胜过最强的记忆"，这两句话说明了笔记的重要性。一些同学认为，反正书上什么都有，上课只要听讲就行了，没必要记课堂笔记。其实，这种观点是错误的。

美国心理学家巴纳特以大学生为被试做了一个实验，研究了做笔记与不做笔记对听课学习的影响。大学生们学习的材料为1800个词的介绍美国公路发展史的文章，以每分钟120个词的中等速度读给他们听。把大学生分成三组，每组以不同的方式进行学习。甲组为做摘要组，要求他们一边听课，一边摘出要点；乙组为看摘要组，他们在听课的同时，能看到已列好的要点，但自己不动手写；丙组为无摘要组，他们只是单纯听讲，既不动手写，也看不到有关的要点。学习之后，对所有学生进行回忆测验，检查对文章的记忆效果。

测验结果表明：在听课的同时，自己动手写摘要组的学习成绩最好；在听课的同时看摘要，但自己不动手组的学习成绩次之；单纯听讲而不做笔记，也看不到摘要组成绩最差。

研究表明，对于同一时段的学习材料，做笔记者比不做笔记者成绩提高两倍。关于记笔记的好处，中考状元张璐璐同学可以现身说法。

翻开她积累的课堂笔记，主次分明，重点部分都用不同的颜色做了记号，有补充的知识点，她也在旁边做了明显的标记，她说："记笔记能够节约学习的时间成本。很多同学都认为记笔记浪费时间，但当时记住并不长久，过后往往会忘掉。而且，记笔记的过程也是一个积极思考的过程，可调动眼、耳、脑、手一齐活动，促进了对课堂讲授内容的理解。记笔记有助于对所学知识的复习和记忆。如果不记笔记，复习时只好从头到尾去读教材，这样既花时间，又难得要领，效果不佳。记笔记还能锻炼综合能力，它并不是把老师说的每一个字、每一句话都记下来，而是自己要有筛选，把重要的记下来，最好自己还能够通过自己的'消化'总结出知识的重点，那学习就事半功倍了。"

听课时记笔记有这么多好处，我们何乐而不为呢？

除了老师课堂教学，我们的学习时光还有很大一部分时间是自学，在平时自己阅读时也应养成记笔记的好习惯。古人有条著名的读书治学经验，叫作读书要做到：眼到、口到、心到、手到。这"手到"就是指读书笔记。

许多人说，钱钟书记忆力特强，过目不忘。他本人却并不以为自己有那么"神"。他只是好读书，肯下功夫，不仅读，还做笔记；不仅读一遍两遍，还会读三遍四遍，笔记上也不断地添补。所以他读的书虽然很多，却不易遗忘。

钱钟书读书做笔记成了习惯。而多数的书是从各图书馆借的，这样有书就得赶紧读，他读完并做完笔记，就把借来的书还回去，自己的书往往随手送人了。无数的书在他家流进流出，存留的只是笔记，所以学富五车的他，家里没有大量藏书，在居无定所的岁月里倒成了一种方便。

他的笔记从国外到国内，从上海到北京，从一个宿舍到另一个宿舍，从铁箱、木箱、纸箱，以至麻袋、枕套里出出进进，几经折磨，有部分笔记本已字迹模糊，纸张破损。钱钟书每天总爱翻阅一两册中文或外文笔记，常把精彩的片段读给同样嗜书的妻子杨绛听，两人交流心得体会，其乐融融。

《管锥编》是钱钟书先生的一部笔记体的巨著，面对《管锥编》有人惊叹："其内容之渊博，思路之开阔，联想之活泼，想象之奇特，实属人类罕见。一个人的大脑怎么可能记得古今中外如此浩瀚的内容？一个人的大脑怎么可能将广袤复杂的中西文化如此挥洒自如地连接和打通？"《管锥编》里，字字都是他笔记里的心得，经发挥充实而写成的文章。如果没有那些读书笔记，又怎能有这样令人惊叹的学术著作？

由此可见，钱钟书的学术成就也得益于他做读书笔记的好习惯，俗话说得好："不动笔墨不读书"，我们也应养成做读书笔记的好习惯。任何成功都离不开努力和坚持，只要我们从现在做起，一直坚持下去，做好平时课堂和课外读书笔记，并及时整理，经常阅读，汇总心得，假以时日，我们一定会有所收获。

勤奋的人易成功

作者认为写得自然不是无意识的天赋，而要靠后天的学习。甚至可以说自然是努力的结果（The natural is result of efforts），要靠苦功磨练出来。

——摘自《傅雷家书·一九六二年四月三十日》

爱因斯坦说："在天才与勤奋之间，我毫不迟疑地选择勤奋，它几乎是世界上一切成就的催产婆。"自古以来，勤奋者多有成就。这是因为，勤能补拙，"勤能补拙是良训，一分辛苦一分才"。晚清重臣曾国藩是我国近代史上颇有影响力的人物，他的成就就是来源于他的勤奋刻苦。

曾国藩小时候是个并不聪明的孩子，一天晚上，少年曾国藩在家读书，对一篇文章重复朗读很多遍了，还是不能背下来。这时夜已深了，可背诵不下来明天学堂上肯定要挨罚，没办法，他只好不睡觉，一直在灯下诵读此文。可谁曾想，有一个贼一大早就潜入他的家中，打算等这一家的人都睡熟后偷点东西。可是这个贼左等右等就是不见曾国藩去睡觉，还是翻来覆去地读那篇文章，此时天空已开始泛白了，贼已经很累了，于是他忍不住嘲讽曾国藩道："蠢货，你这么笨还读个什么书啊，真是朽木不可雕！"说罢，便将那篇文章很流畅地背诵了一遍，然后扬长而去。

然而，曾国藩就是凭着这样的韧劲终于做好了学问，后来他甚至官至翰林，成为大清帝国的中流砥柱。确实，他在记忆力的天赋上比那个贼要差很多，但他却凭借着自己勤奋的努力成了赫赫有名的大人物。这充分证明，一个勤奋的人，他能够取得的成就往往比其他人要多。如果说曾国藩的故事告诉我们，笨鸟先飞，尚可领先，那么钱钟书的故事则告诉我们，勤奋能使聪明的人如虎添翼，取得杰出的成就。

钱钟书从小就聪明过人，记忆力惊人。他进清华大学读书时，就立下了"横扫清华图书馆"的志向，他把大部分的时间都用到了读书上。钱钟书的同学许振德在《水木清华四十年》一文中说："钟书兄，苏之无锡人，大一上课无久，即驰誉全校，中英文俱佳，且博览群书，图书馆借书之多，恐无人能与钱兄相比者，课外用功之勤恐亦乏其匹。"许振德后来在另一篇文章中又说钱钟书"家学渊源，经史子集，无所不读；一目十行，过目成诵，自谓'无书不读，百家为通'。"钱钟书在清华大学上学时，一周读中文经典，一周阅欧美名著，交互进行，四年如一日。每次去图书馆借书还书，总是抱着五六巨册，走路时为节约时间总是连奔带跑。他每读一本书时，必作札记，摘出精华，指出谬误，供自己写作时连类征引。据传清华藏书中画线的部分大多出自他的手笔。他的博学，使他不再是老师的学生，而成了老师的"顾问"。吴宓教授就曾推荐他临时代替教授上课，因为所有课上涉及的文学作品他全都读过。

钱钟书过目不忘、博学多识的天才气质着实令人羡慕，然而，这些都离不开他的勤奋刻苦、不懈努力。我国的学术大家季羡林老先生曾经说过："勤奋出灵感。缪斯女神（古希腊神话中科学、艺术女神的总称）对那些勤奋的人总是格外青睐的，她会源源不断给这些人送去灵感。"

美国恐怖小说大师斯蒂芬·金也是一个勤奋的人。每天，天刚刚亮，斯蒂芬·金就伏在打字机前开始了一天的工作。刚开始写作时，斯蒂芬·金非常穷困，甚至连电话费也交不起。但是，他仍每天坚持写作，一年当中只休息三天，那就是他自己的生日、圣诞节和美国的独立日。其余的时间从未间断过写作，以至于他的灵感从来没有枯竭过。他说，"我从没有过没有灵感的恐慌"。

由此可见，不管做什么，不管学什么，我们要成功，就得注重培养自己勤奋的习惯。

当然，在学习上，勤奋不仅包括了学习时的态度，也包括学习专业知识时注重的深度和广度，还包括广泛涉猎教科书以外的知识的能力。一个勤奋的人能够自觉地去学习他想要的知识。

那么，怎样来培养勤奋的习惯呢？

建议一：用立志激励自己勤奋。

俗话说："有志者事竟成。"一个人如果树立了远大的志向，他就能够用这个志向去激励自己勤奋，从而实现自己的志向。然后，给自己设定一个切实可行，而又有一定难度的目标，并在学习过程中不断提醒、鞭策和鼓励自己，"我是要干……的人，我应该拿出怎样的态度好好努力……"自然而然地，就会变得勤奋。

建议二：严格要求自己。养成早起的习惯，合理地安排自己一天的学习时间，并且严格地贯彻执行。另外，给自己一些奖励，比如达到了设定标准就能得到什么。这样也能刺激自己持之以恒地勤奋用功。

读书要广，学问才能广

爸爸说，除了你钻研专业之外，一定要抽出时间多多阅读其他方面的书，充实你的思想内容，培养各方面的知识。——爸爸还希望你看祖国的书报，需要什么书可来信，我们可寄给你。

——摘自《傅雷家书·一九六〇年二月一日夜》

寄你的书里，《古诗源选》《唐五代宋词选》《元明散曲选》前面都有序文，写得不坏；你可仔细看，而且要多看几遍；隔些日子温温，无形中可以增加文学史及文学体裁的学识。

——摘自《傅雷家书·一九五四年十二月三十一日》

读书，就像蜜蜂采蜜，只有采过许多种花蜜，才能酿出香甜可口的蜂蜜。如果只围着一种花转，得到的东西就十分单一，由于原料有限，酿出的花蜜也不会有独特的味道。因而，博览群书才能达到人们常说的"博采众家之长"。

每一种书都有其独特的价值和意义，我们可以从不同类型的书中汲取丰富的营养，如从名人的传记中，学习怎样培养自己；从科学类书籍中，学习如何锻炼我们的思维能力；从励志类书籍中，学习如何解决困难、逆势迸发；从优秀的古典文学中，学习修身正气、陶冶情操、完善自我。英国文艺复兴时期重要的哲学家弗朗西斯·培根有句名言说："读史使人明智，读诗使人聪慧，数学使人精密，哲理使人深刻，伦理学使人有修养，逻辑修辞使人善辩。"这也告诉我们：读书应该博，博览群书，才能从多方面汲取营养，才能不断拓展自己的视野，提升自己的能力。

哈利·杜鲁门是美国历史上著名的总统。他没有读过大学，曾经营农场，后来经营一间布店，经历过多次失败，当他最终担任政府职务时，已年过五旬。但他有一个好习惯，就是不断地阅读。多年的阅读，使杜鲁门的知识非常渊博。他一卷一卷地读了《大不列颠百科全书》以及文坛巨匠查理斯·狄更斯和维克多·雨果的所有小说。此外，他还读过人类最伟大的戏剧天才威廉·莎士比亚的所有戏剧和十四行诗等。

杜鲁门广泛阅读得到的丰富知识，使他顺利带领美国度过第二次世界大战的战后低迷时期，并使这个国家很快进入战后繁荣。他懂得读书是成为一流领导人的基础。读书还使他在面对各种有争议的、棘手的问题时，能迅速做出正确的决定。例如，在20世纪50年代他顶住压力把人们敬爱的战争英雄道格拉斯·麦克阿瑟将军解职。他的理由是："不是所有的读书人都是一名领袖，然而每一位领袖必须是读书人"。

广泛涉猎、博览群书对培养一个人观察、认识、分析事物的能力，树立正确的世界观、人生观有着重要的作用。读书多了，就会使人眼界更加开阔，更加善于思考问题，更具有创新精神。

我们都知道新东方做得很成功，新东方人都有一个共同特点：读书都非常多。新东方总裁俞敏洪老师说："北大增加了我很多成功的因素。比如，因为北大读书气氛很浓厚，所以我读了很多的书，思维变得很敏锐。"在新东方流传一句话："底蕴的厚度决定事业的高度"。那么底蕴的厚度就主要来自多读书。读了大量的书，一个人的知识结构自然就会完整，从而触类旁通，进而生成智慧。

新东方招聘重要岗位的人才都是俞敏洪老师亲自面试。而他最关心的问题就是：在大学你读了多少本书？如果只读了几十本书，那肯定不会被俞敏洪老师录取的。因为他心中的最低标准是200本书，因为俞老师在大学里读了800本书。至于新东方另一位更红火的王强老师，在大学里读了1200本书，平均每天一本。

也有的人曾问过俞老师，读过了的书忘了跟没读过有什么区别呢？他的答案是，读过一些书的人，哪怕忘了，也能让自己增加一点人文气质。

有许多人认为阅读应精而不是博，因为，一个人的时间和精力有限，不可能样样精专，然而，另有许多爱读书的人认为：只有博览群书，才能让自己更好地进行选择性阅读。到底谁的答案更合理呢？

著名散文家、剧作家柯灵在谈自己的读书体会时，给出了很好的答案："读书一定要广博，只有在广读博览中才能找到自己专的方向，不博不能专得深，但反过来，书籍浩如烟海，不选择读也是不可能的，要在博览的基础上选择。"

这正如同古人所说："凡操千曲而后晓声，观百剑而后识器。"读得多了，自然有了辨别鉴赏的眼光。

二十世纪西方最具影响力的学者罗素说，读书要博、约、深、美，也是把"博"放在了首位。他认为每个人读书要博，做研究时才能精。这样的看法很有道理。即使是做学术研究，也不可能只局限于自己专业领域的阅读便能成功，"文史哲不分家"，"文学艺术"都是相通的，学理科的人也需要阅读一些人文类书籍来增加自己的素养。总而言之，我们在学习时，应该养成博览群书的好习惯。

两耳需闻窗外事

一般小朋友，在家自学的都犯一个大毛病：太不关心大局，对社会主义的改造事业很冷淡。我和名强、西三、子歧都说过几回，不发生作用。他们只知道练琴。这样下去，少年变了老年。与社会脱节，真正要不得。我说少年变了老年，还侮辱了老年人呢！今日多少的老年人都很积极，头脑开通。

——摘自《傅雷家书·一九五六年二月十三日》

无锡的"东林书院"有副对联："风声雨声读书声，声声入耳；家事国事天下事，事事关心。"这告诉我们：不光要读书，更要关心世界大事，关心人民疾苦。

众所周知，现代社会一日千里，新知识不断涌现，新问题层出不穷。如果一味地啃书本，而对外面的大千世界不理不睬，对时代飞速的发展信息充耳不闻，那怎么能知道应该学什么呢？又怎么能知道时代需要什么样的人才、什么样的知识呢？连这些知识都不知道的话，能不被时代所淘汰吗？一个人要想跟上时代浪潮谋发展、求进步，就必须不断学习，而学习必须关心时局、与时俱进，跟上潮流，才能创新。

有这样两则不关心时局、闭门造车而遭受惨败的小故事：某科技人员经过几年、十几年的科学攻关，终于获得了某项技术突破，等到成功之后，去申报专利，才发现这项成果是人家早已研究出来的。

某武林人士与一高手对决，惨败之后，隐居深山，与世隔绝，潜心修炼，直到有一天，他练就了绝世功夫，自以为天下无敌了，打算重现江湖，扬名立万。可是，他一下山，发现武林人士都用机关枪了，"神枪手"才是真正的武林高手。

故事的结局是可悲的，但同时发人深省：在任何时代，闭门造车的结果，只会浪费时间、浪费金钱。一个人的发展和进步，离不开对社会、国家和世界大事的关注。更不用说我们今天身处的日新月异、信息爆炸的时代。

我们读书的目的是服务社会的，如果我们"两耳不闻窗外事"，怎么能了解社会？不了解社会，六禽不认，五谷不分，不以天下事为己任，这样培养出来的人又怎么能服务社会？时政是一个人积累知识的重要方式，思考是人类智慧的最高层次，随着一个人对时政的关注，他对知识的把握与积累，对人生的思考都会进一步加深。晚清优秀知识分子康有为便是关心时局、眼界开阔而有实学的榜样。

当其祖父在连州掌管教育时，康有为常常从祖父的书桌上看到清政府发下来的《邸报》，上面记载了许多国家和朝廷的政治大事。从《邸报》上他第一次知道了曾国藩、左宗棠、李鸿章这些人物，了解到很多朝廷里的事情。这使少年康有为眼界大开，在他心灵上打开了一扇了解和关心国家大事的窗户，培育了他的爱国主义思想。

康有为还从祖父的藏书中，第一次看到了《海国图志》《瀛环志略》等一批介绍世界各国历史地理的书籍，并从书中结识了利玛窦、艾儒略、徐光启等人，他们是近代最早把西方文化和科学介绍到中国来的中外学者，是中国向西方学习近代科学的先驱者。这些译著为康有为打开了通往西方文明的窗口，这对他后来向西方学习、推行变法维新起到了重要作用。1882年，康有为到北京参加会试，回归时经过上海，进一步接触到了资本主义的事物，并收集了不少介绍资本主义各国政治制度和自然科学的书刊。经过学习，他对时局进一步了解，逐步认识到资本主义制度，比那时中国的封建制度先进。帝国主义的侵略，清朝的腐败，使年轻的康有为胸中燃起了救国之火;西方的强盛，使他立志要向西方学习，借以挽救正在危亡中的祖国。

试想：如果康有为像同时代的一些书生或秀才那样只囿于书斋，这世间只会多了一个钻研八股技艺的腐儒，便会少了一个走上政治舞台维新变法的卓越之士。时政要闻使他睁眼看世界，激发了他的使命感和责任感，增强了他的爱国心，使他在历史上留下了一页篇章。

现今社会日益国际化，国际风云和我们每个人的生活都息息相关。国内外不论发生任何事情，都直接或间接地影响着我们的日常生活。

我们如何才能养成关心时政的良好习惯呢？首先要从看电视新闻、看报纸等现有条件入手，并养成每天关注或者阅读的良好习惯。作为一名信息化、全球化时代的青少年，要拓展视野必须涉及多方面，大至世界局势、中国国情，小至社区建设、家庭发展，都要加以关心。

同时，还不能缺少自己的分析判断能力，要学会结合课本知识、利用课本知识去剖析瞬息万变的资讯，发现课本知识与现实生活的内在联系；反过来，也可以通过对生活实例的观察和体会，去加深对课本知识的理解。

学以致用，知识才有力量

> 第一个最重要的感想是：理论与实践绝对不可分离。学习必须与现实生活结合。
>
> ——摘自《傅雷家书·一九五五年十二月二十一日晨》

古人有语："读书不见圣贤，如铅椠庸；讲学不尚躬行，如口头禅。"意思是说，研读诗书却不洞察古代圣贤的思想精髓，只会成为一个写字匠；讲习学问却不能身体力行，就像一个只会口头念经却不通佛理的和尚。其实，这告诉了我们：学以致用才有意义。

《济南时报》2008年5月8日消息：山东社会科学院公布了山东省行业人才需求最新报告。报告显示，近半大学生未能学以致用，其中约40%的已工作大学毕业生认为大学所学知识"很少部分有用"或"基本无用"。

从山东社会科学院的报告看，约40%的已工作大学毕业生未能学以致用，还有一些大学生必然会因为大学所学知识"基本无用"而"毕业即失业"，如果他们付出昂贵的学费，倾注四年宝贵的青春时光所学的知识只不过是"口头禅"，或在工作中无"用武之地"，那么谁该为他们负责呢？

另据一项调查显示，在全国高校的260多个专业中，考生对其中90%的专业认识不足，有42.1%的大学生对所学专业不满意，65.5%的学生表示有可能的话将另选专业。专业结构不合理、学非所好已经成为大学生就业的最大障碍。

可见，无论是学不致用，还是学非所好，都不能做到学以致用，都对个人的成才与发展极为不利。我国古代有"百无一用是书生"的说法，这种无用书生指的就是那些不会学以致用的人，他们的头脑只是知识的仓库，里面陈列的都是死的知识。正如下面这个故事的主人公。

齐国有一个名叫田仲的读书人，四体不勤，五谷不分，却自命清高，隐居乡间。

宋国有个叫屈谷的人至田仲那里去见他，对他说："我是个庄稼人，没有什么别的本事，只会干农活，特别是种葫芦很有方法。现在，我有一个大葫芦。它不仅坚硬得像石头一般，而且皮非常厚，以至于葫芦里面没有空隙。这是我特意留下来的一只大葫芦，我想把它送给您。"

田仲听后，对屈谷说："葫芦嫩的时候可以吃，老了不吃的时候，它最大的用途就是盛放东西。现在你的这个葫芦虽然很大，然而它皮厚，没有空隙，而且坚硬得不能剖开，像这样的葫芦既不能装物，也不能盛酒，我要它有什么用处呢？"

屈谷说："先生说得对极了，我马上把它扔掉。不过先生是否考虑过这样一个问题，您空有满脑子的学问和浑身的本领，却对整个世界没有一点用处，您同我刚才说的那个葫芦不是一样吗？"。

屈谷以无用的葫芦讽刺了光有知识不会运用的读书人，有了知识，并不等于有了与之相应的能力，如果一个人有了知识而不知道如何运用，那么他拥有的只是死的知识，是解决不了任何实际问题的。

培根在提出"知识就是力量"以后，又明确地指出："各种学问并不把它们本身的用途教给我们，如何应用这些学问，乃是学问以外、学问以上的一种智慧。"学到的知识只有有效地运用到生活和实践中去，才会发挥其效用，否则就是一些死的、没用的东西。

如何做到学以致用？最重要的是学会变通，遇到实际问题要开动自己的脑筋，而不是死抱知识和经验。

有一个招聘故事将学会变通的道理讲得通俗易懂。一个总经理要招聘助理，同时有三个应聘的人：一个人有非常高的学历，是博士，另一个人有十几年以上的工作经验，还有一个人，显然不如前两者，学历不够高，工作经验也不够多，是刚毕业不久的一个普通大学生。

总经理在自己的办公室，对秘书说，叫他们都进来吧。秘书说，你让他们坐哪儿？你的办公桌前面都是空着，没有一张椅子。总经理说，就这样吧。

博士第一个进来了，总经理笑着跟他说："请坐。"那博士特别尴尬，四处看看没有椅子，说，我就站着吧。总经理还说，请坐。博士说，我没有地方坐啊。总经理看看他，笑了笑，问了他几个问题，就让他走了。

第二个进来了，总经理又跟他说"请坐"，他就一脸的谄媚，很谦卑地说，不用，我都站惯了，咱们就这么聊吧。总经理跟他聊了几句后，让他走了。

最后轮到刚毕业的大学生了，总经理说"请坐"，他四处看看说，您能允许我上外面去搬一把椅子吗？总经理说，可以。这个学生出去搬了把椅子进来，坐下后就跟总经理聊起来。

最后的结果是这个学生被留了下来。

这个故事是什么寓意呢？第一个人可能知识很多，但是他不能变通；第二个人经验很多，但是他又受经验的局限；第三个人介乎知识和经验之间，他知道在当下怎么样做是最合适的。

在学以致用的时候，没有哪一个用法就一定是对的，这里面要有变通。这也同样适用于我们的学习。在学习时，我们应该保持自己的头脑灵活，积极思考解决实际问题。

此外，要做到学以致用，我们还应该将自己所学的知识与自己的生活和今后想要从事的工作相结合，问自己：我要学的知识能用到我的日常生活中吗？我需要什么样的知识才有利于我的全面发展？时常问自己，才能让自己不断思考，才能在学知识时将学以致用贯穿始末。

第三章 培养美德，走遍天下

PEIYANG MEIDE ZOUBIAN TIANXIA

尊敬师长是最基本的礼貌

> 孩子，你是老师心爱的学生，一定要常常去信请教、问候，报告演出情况，不能用忙字来推托，安慰老师也是你应尽之责。
>
> ——摘自《傅雷家书·一九六〇年一月十日夜》

俗话说："一日为师，终身为父"，就是教导我们应该永远感谢和尊重自己的老师。因为是他们无私的爱与谆谆教导，才使我们每个人心里面有了善恶之分，是他们不厌其烦地循循善诱，才使我们得以被"传道、授业、解惑"。

尊师是一种高尚的品德，品德是一个人的第二张"身份证"，而尊敬师长则是良好品德的最佳体现。一个人要想被别人认可是个具有美德、修养的人，首先需要有礼貌，那么尊敬师长就是最起码、最基本的礼貌所在。礼貌是修养的外衣，如果一个人从内心去诚恳的尊敬，他的言谈举止就能够优雅大方，那么他在别人心目中的形象则是美好的，尊师的同时也会赢得师长更多的赞赏与尊敬。

获得诺贝尔奖的女科学家居里夫人，她因重大发明而享有盛誉，博得了人们的敬仰。回到祖国参加华沙镭研究所开幕典礼时，许多著名人物都簇拥在她的周围。典礼将要开始的时候，居里夫人忽然从主席台上跑下来，穿过捧着鲜花的人群，来到一位坐轮椅的老年妇女面前，深情地亲吻了她的双颊，亲自推着她走上了主席台。这位老年妇女就是居里夫人小时候的老师。在场的人都被这动人的情景所感动，热烈地鼓掌，老人也流下了热泪。居里夫人就是尊师的典范，当她成为一个伟大的科学家之后，仍旧没有忘记曾经传授给她知识的老师。

无独有偶，我国伟大的思想家和文学家鲁迅先生也是尊师的典范，鲁迅先生经常给自己的启蒙老师寿镜吾老先生写信，表示问候和敬意。从日本留学回国后，也专程去拜访他。鲁迅先生也常常怀念日本仙台医学院的藤野老师，将藤野老师送给他的照片挂在寓所的墙壁上以鼓励自己。日本要出《鲁迅全集》，鲁迅先生唯一的希望是把《藤野先生》一文编进去，以示对老师的爱戴和敬佩。

此外，还有许多尊师典范：彭德怀做了将军后仍坚持便服拜访恩师；华罗庚成名后与启蒙恩师同席时只肯坐恩师下首……这些伟大的人物不忘恩师的故事，都给我们留下了美谈，做出了榜样。

无疑每个人都喜欢心怀感恩、谦卑礼貌的人。同样，如果你尊敬老师，老师就会格外喜欢你，就会把更多的时间给你，甚至把他所有的知识倾囊传授给你。有很多名人都是由于尊师，所以得到了许多知识，终而成为名人。

"程门立雪"这个成语家喻户晓。它出自宋代著名理学家将乐县人杨时求学的故事。杨时从小就聪明伶俐，四岁入村学，七岁就能写诗，八岁就能作赋，人称"神童"。他十五岁时攻读经史，熙宁九年登进士榜。他一生立志著书立说，曾在许多地方讲学，倍受欢迎。居家时，长期在含云寺和龟山书院，潜心攻读，写作教学。有一年，杨时赴浏阳县令途中，不辞劳苦，绕道洛阳，拜师程颐，以求学问上进一步深造。这一天，杨时与他的学友游酢，因对某问题有不同看法，为了求得一个正确答案，他俩一起去老师家请教。时值隆冬，天寒地冻，浓云密布。他们行至半途，就下起了大雪，冷飕飕的寒风夹杂着雪花无忌惮地灌进他们的领口。他们把衣服裹得紧紧的，匆匆赶路。来到程颐家时，适逢先生坐在炉旁小憩。杨时二人不敢惊动打扰老师，就恭恭敬敬侍立在门外，等候先生醒来。这时，远山如玉簪，树林如银妆，房屋也披上了洁白的素装。杨时的一只脚冻僵了，冷得发抖，但依然恭敬侍立。过了良久，程颐一觉醒来，从窗口发现侍立在风雪中的杨时，只见他通身披雪，脚下的积雪已有一尺多厚了，赶忙起身迎他俩进屋。

由于杨时尊敬程颐，得到了程颐的赏识，程颐便把自己所有的知识向他倾囊而授，这就是杨时为什么会成为著名学者的最主要的原因之一。这个故事在宋代读书人中流传很广，后来形容尊敬老师、诚恳求教时，人们就往往引用这个典故和这句成语。

许多成功的人物在他们成功以前，大抵有一个或几个前辈大师的提携才有了平台和机遇，所以对自己的恩师怀有终身的感恩之情。其实我们很多人都对老师心存敬爱，但是苦于不知如何表达、如何采取行动。这其实并不难，我们可以从言语、行动、生活、心理各个方面养成尊师的习惯：

一，平时见到老师，主动打招呼、问好，可以使用如"老师好""您好""早上好""再见"这些常用礼貌语言。同时面带微笑，以示见到老师很高兴，这是对老师的尊重。

二，上课时认真听讲，有问题时礼貌举手请教。

三，认真完成老师布置的作业，对待老师批改的作业，要认真纠错。

四，我们发现有进步的书籍或精选的试题可提供给老师，减轻老师的筛选工作量。也可把自己发现的新知识点或解题小窍门跟老师交流，促进老师的进步。所谓"教学相长""青出于蓝胜于蓝"，让老师感受教育出优秀学生的快乐。

五，生活中，我们不能仅接受老师的关心，还应该主动关心我们的老师，尤其是在老师患病或有困难时，哪怕是一个询问的电话都能温暖老师的心。

六，有些老师曾经给过我们帮助、给我们留下过温暖美好的印象，虽然他们不再在我们身边，我们也不要忘了与老师保持联系，应抽出时间向老师请教、问候。

真诚是做人的第一张名片

> 真诚是需要长时期从小培养的。社会上，家庭里，太多的教训使我们不敢真诚，真诚是需要很大的勇气作后盾的。所以做艺术家先要学做人。艺术家一定要比别人更真诚，更敏感，更虚心，更勇敢，更坚忍，总而言之，要比任何人都lessimperfect（较少不完美之处）！
>
> ——摘自《傅雷家书·一九五六年二月二十九日夜》

真诚是做人的第一名片，明代学者和教育家朱舜水说："修身处世，一诚之外更无余事。故曰，'君子诚之为贵'。"英国诗人和政客本杰明·鲁迪亚德说："没有谁必须要成为富人或伟人，也没有谁必须要成为一个聪明的人，但是，每一个人必须要做一个诚实的人。"孔子说："人无信不立。"真诚是一切人性优点的基础，是立身之本，它能让我们保持正直，挺直脊梁、光明磊落地做人。

真诚不但能使我们保持人格独立，使我们求得良心的安稳，还能帮助我们获得他人的信任。

在CCTV《对话》栏目中，主持人先请时任微软公司高级副总裁李开复按微软聘员工的标准给以下要素排列顺序：创新，诚信，智慧。李开复毫不犹豫地把诚信排在了第一位。同时，他又将他招聘员工的一个故事告诉了大家：有一次，李开复面试了一位应聘者，该应聘者无论在技术还是管理上都十分出色，但在交谈的过程中，应聘者主动向李开复表示，如果录用了他，他将会把原来公司的一项发明带过来。李开复说："无论这个人的能力和水平怎样，微软都不能录用他，因为他缺乏最基本的处世准则和最起码的职业道德。"

一个缺乏真诚的人，他（她）的人格形象仿佛总是戴着一副假面具，冷漠、妥协、麻木、欺骗……，他的心与他人的心之间横着沙漠。一个不以真诚待人的人，谁会对他付出真诚呢？所以，就算这样的人还有朋友，也不过是一些同样以虚伪来对待他的朋友罢了。

既然真诚是人的立身之本，那么我们该如何来养成呢？

第一，要有为做到真诚而付出的心理准备，的确，有时候坚守诚信需要一定的勇气和付出。有位作家这样回忆他曾经受到的关于诚信的教育：

恢复高考那年，我们正读初一。新来的班主任是个老头，姓宋。据说解放前在美国人手下当过卫兵。

第一堂英语课，宋老师将一张偌大的字母表挂在黑板上，逐个逐个地教我们学，课堂纪律很糟，但他似乎并不在意。下课时他告诉我们："学英语并不难，做好一个人却更难。"

有一天上英语课，他发给我们每人一张白纸，要求我们按顺序默写出26个英文字母的大小写，他说对此次测验成绩优异的学生，将给予特别奖励。尔后，他若有所思地站在门边，望着门外出神。20分钟后，他似乎醒过神来，立即收上试卷，全班总共才五十几个人。他很快阅完了所有的试卷，然后拍拍手，轻轻地宣布：很好，除一个同学写错了3个字母外，其他同学都是100分。很高兴有这么多同学能得到奖励。但在奖励之后，我不得不警告这个学生——"张小哲，请你站起来！"

宋老师对他说道："全班同学都会，唯独有你一个弄出差错，你说你惭愧不惭愧？"

张小哲默不作声。所有同学都幸灾乐祸地盯着他。

"你必须回答我！"宋老师一反这之前的慈祥态度，"惭愧，还是不惭愧？"

"我不惭愧。"张小哲轻声说。

"居然不惭愧，那么，你凭什么理由？"

我们不再幸灾乐祸，心里开始为张小哲捏一把汗。

"我有理由，但我绝对不说。"张小哲眼里噙满了泪水。

沉默，短暂的沉默。宋老师扫视着全班学生，语重心长地说："第一天上课我就讲过，学好英语并不难，但做好一个人却更不容易。我不急于知道你们的成绩，但很想知道你们的为人，所以才有今天这个测验。请大家抬头仔细看看我身后那张字母表，你们以为我忘记摘下了字母表。除张小哲以外，你们全都照抄不'误'。他没得到100分，但他是个诚实的孩子。所以，他敢说自己不惭愧。这种信守诚信的勇气非常难得，很少有学生能在老师的逼迫下坚持这一点的。请大家记住这一点，重要的不是成绩，而是品格。"

为了维护做人的诚信，我们也常常需要像故事中的张小哲一样，付出自己的勇气。

维护诚信，除了勇气，我们可能还需要付出一些其他的东西，比如时间、精力与金钱。经常的，我们在最初答应别人的时候，并没有充分考虑到为了做到这一点会有所付出。可是一旦问题来了，我们会为了那些不得不付出的时间、精力或者金钱而进行思想斗争，比如为了帮同学补习功课，你必须牺牲掉两个小时的休息时间；为了赴朋友的约会，你很可能要失去和家人相处的节日夜晚；为了帮朋友找到他想要的那本书，你可能要在烈日下四处奔走……而一个人不守诚信的时候，总是在做对自己当前有利的事情。把自己的舒服和安逸放在第一位，总是能获得短暂的，起码是眼前的快乐。因为，他们还没有发现不守诚信会对自己造成什么损害。然而从那时候起，他们就变成了彻底言而无信的人！

第二，从小事做起。

有很多人总是想，对于答应过的重要的事情，我一定会做到"诚信"二字，可是，人无完人，有时候生活中的小事不能完全做到诚信，也是可以的吧？可是，正因为是小事，才需要我们从一开始的时候就去认真对待，因为不守诚信也会变成一种习惯，一旦让这种习惯"开花结果"，会变成一件极为可怕的事，这样，以后再有重大的事情时，别人都不会轻易相信我们了。

第三，管住自己的嘴巴，不要说超出自己力量的诺言，如果觉得现在没有办法做到，就不要轻易说出口。

也许有人会说，的确，在生活中我就是以自己的真诚之心来对待每一个人、来做每一件事的。但是令人沮丧的是，我的真诚却得不到别人真诚的回报，而屡屡让我伤心失望。这也许是我们每个人在生活中都会遇到的事情，但我们要坚信的是，在这个社会中，像我们一样真诚待人接物的人一定是大多数，并且会越来越多。因为真诚是人存身于这个社会最宝贵和有力的"名片"。

感恩是心灵最美的花

> 幸运的孩子，你在中国可说是史无前例的天之骄子。一个人的机会，享受，是以千千万万人的代价换来的，那是多么宝贵。你得抓住时间，提高警惕，非苦修苦练，不足以报效国家，对得住同胞。
>
> ——摘自《傅雷家书·一九五四年八月十六日》

"投桃报李""礼尚往来"是人们在日常交往中常用的语言。人与人之间的关系普遍存在着受恩与施恩的现象，即双方在感情上、精神上、物质上和行动上的互酬。

中国古代教育人就讲"受人滴水之恩，当以涌泉相报"，"涌泉相报"便是一种实实在在的感恩行动。感恩其实是我们中华民族的传统美德。《三字经》里写道："能温席，小黄香，爱父母，意深长。"

小黄香是汉代一位孝敬长辈而名留千古的好儿童。他9岁时，不幸丧母，小小年纪便懂得孝敬父亲。冬夜里，天气特别寒冷。那时，农户家里又没有任何取暖的设备，确实很难入睡。这么冷的天气，爸爸白天干了一天的活，晚上还不能好好地睡觉。想到这里，小黄香心里很不安。为让父亲少挨冷受冻，他读完书便悄悄走进父亲的房里，给他铺好被，然后脱了衣服，钻进父亲的被窝里，用自己的体温，温暖了冰冷的被窝之后，再请父亲睡到温暖的床上。黄香用自己的孝敬之心和行动，温暖了父亲的身心。黄香温席的故事，就这样传开了，街坊邻居人人夸奖小黄香。

人们都说，能孝敬父母的人，也一定懂得爱百姓，爱自己的国家。事情正是这样，黄香后来被举荐做了地方官，果然不负众望，为当地老百姓做了不少好事。

黄香心存感恩，小小年纪时就懂得以实际行动关爱父亲。古人说："鸦有反哺之义，羊知跪乳之恩""谁言寸草心，报得三春晖"，我们人类是万物之灵，更懂感情，所以也更应懂得"知恩"和"报恩"。唐代诗人王梵志说："负恩必须酬，施恩慎勿色"，意思是指受恩的人一定要懂得回报，施恩的人不要有骄傲自得的神色。

法国思想家卢梭说："没有感恩就没有真正的美德。"感恩的人，对他人少一分挑剔、多一份欣赏，能以博大宽容的胸怀包纳和关爱生活中的人和事。所以说，感恩是心灵最美的花。一个懂得感恩的人，一定是一个具有良好修养的人、真诚待人的人，也更容易受到他人的认可和尊重。

弗莱明是苏格兰一个穷苦的农民。有一天，他救起一个掉到深水沟里的孩子。第二天，弗莱明家门口迎来了一辆豪华的马车，从马车走下一位气质高雅的绅士。见到弗莱明，绅士说："我是昨天被你救起的孩子的父亲，我今天特地过来向你表示感谢。"弗莱明回答："我不能因救起你的孩子就接受报酬。"

正在两人说话之际，弗莱明的儿子从外面回来了。绅士问道："他是你的儿子吗？"农民不无自豪的回答："是。"绅士说："我们订立一个协议，我带走你的儿子，并让他接受最好的教育，如果这个孩子能像你一样真诚善良，那他将来一定会成为让你自豪的人。"弗莱明答应签下这个协议。他的儿子小弗莱明对自己能拥有获得良好教育的机会，心存感恩，他比别人更加热爱学习、发奋读书，数年后，他从圣玛利亚医学院毕业，发明了抗菌药物盘尼西林，一举成为天下闻名的弗莱明·亚历山大爵士。

有一年，绅士的儿子，也就是被老弗莱明从深沟里救起来的那个孩子染上了肺炎，是谁将他从死亡的边缘救了回来？是盘尼西林。当年那个登门感恩的父亲是谁呢？他是二战前英国上议院议员老丘吉尔，他那被救起的儿子便是二战时期英国著名首相丘吉尔。

这是一个"恩恩相报"的传奇故事，老丘吉尔因为感恩报答老弗莱明救了自己的儿子，培养农家孩子弗莱明，没想到几十年之后，自己儿子的生命又一次获救——因农家孩子弗莱明发明的药品，也正是由于这样，丘吉尔才有机会成为20世纪影响人类历史进程的政治家。同样，小弗莱明因为感恩，努力学习，最终也成就了自己，报答了恩情。

感恩的举动、感恩的回报，不论是以上的哪一种，都说明一颗感恩的心能够让周围的人看见你的善良与真诚，与你共处更加融洽，对你更加宽容。正因为如此，感恩这朵心灵之花就有了成长的沃土，只要我们播下感恩的"种子"，就能茁壮成长。感恩的"种子"在哪里呢？留心身边一点一滴的小事就很容易找到它：它可以是妈妈下班回家后递上的一双拖鞋，它可以是老师嗓子不舒服时讲桌上的一杯温水……这都是举手之劳，那就让我们及早播下感恩的"种子"吧。

谦逊有礼得人心

> 只要态度诚恳、谦卑、恭敬，无论如何人家不会对你怎么的。
>
> ——摘自《傅雷家书·一九五五年五月十一日》

人人都喜欢谦逊的人，而不喜欢骄傲的自吹自擂者，即使是在提倡"毛遂自荐"精神的今天，谦逊依然是一种伟大的美德，持有谦逊态度的人如同持有一张通行证，可以畅通无阻地行走于社会。

谦逊的人不易受别人排斥，容易被社会群体接纳和认同。三国时刘备的成功便得益于他的谦逊。

三国时张松任益州别驾，奉命出使许都，想把西川的地图献给曹操。曹操一见张松其貌不扬，就没有好感。再加之其出言狂妄，更令曹操生气。于是叫人一顿棒打，把张松赶出了许都。没办法，张松只得转赴荆州。与曹操的态度相反，张松离荆州还很远的时候，刘备就派赵子龙前去迎接。到了界首馆驿，关羽又在那里恭候。等来到荆州城下，只见刘备领着文官武将，亲自出城相迎。这使得张松受宠若惊，感激涕零，泪别长亭之际，终于把西川地图献给了刘备。正因为有了这张地图，刘备才占得了进军天府的先机。

《三国演义》中，刘备始终是一个谦逊的人。礼贤下士、谦以待人，这是刘备能成为一方之主的重要原因。接而三顾茅庐方才见到诸葛亮，并以他的谦逊、诚心请诸葛亮出山，为他出谋划策，终建立了蜀政权。

傲慢者即使才华横溢也难免遭到旁人的冷眼和嫉妒，而谦逊者行事往往虚心有礼，便容易得到他人的认可和尊敬。

托马斯·杰斐逊是美国的第三任总统。1785年他曾担任美国驻法大使。一天，他去法国外长的公寓拜访。

"您代替了富兰克林先生？"法国外长问。

"是接替他，没有人能够代替得了富兰克林先生。"杰斐逊谦逊回答说。

杰斐逊的谦逊给法国外长留下了深刻印象。由此可见，许多人的成功确实源于谦逊。谦逊者得人心，得人心者易成功，这是永恒不变的道理。

谦逊的人总是能够正确分析、认识自我，正确认识自己的优势和劣势，实事求是，不居功自傲，对他人的帮助，总是心怀感激。

被誉为"力学之父"的艾萨克·牛顿，在二十几岁时创立了微积分，发现了光谱，提出了万有引力定律，还在热学上确定了冷却定律。在数学方面，他提出了"流数法"，建立了二项定理，几乎是和德国最重要的数学家戈特弗里德·莱布尼兹同时创立了微积分学，从而开辟了数学史上的一个新纪元。可以说，牛顿是一位有多方面成就的伟大科学家。然而，他却是非常谦逊的人。

有一次，有人问牛顿："您对于自己的成功有什么看法呢？"牛顿谦虚地回答说："如果我看得比别人要远一点，那是因为我站在巨人的肩上的缘故。"

牛顿虽然取得了非凡的成就，但他却没有因此而炫耀自己，牛顿的谦逊让他赢得世人的敬佩。做个谦逊有礼的人，给自己树立良好的形象，给他人带来快乐，能让我们受益无穷。那么，我们在生活中应该怎样实践谦逊呢？

全球知名的成本控制专家、企业经营高手马克·赫德说："要做到真正的谦逊，需明白三点：首先，谦逊不是自我否定，自我否定只能让你与机会擦肩而过并留下惋惜；其次，谦逊就是把话说到你的能力值以下，比如，你能考A，那么先肯定自己能考B+；最后，谦逊不是在面对别人质疑或者面对问题时候说'哦，我想我办不到'，而是懂得抓住机会，成功之后，面对别人的赞美时说，'其实没什么，只要努力每个人都能做到！'"

一颗坚强的心比什么都重要

你能坚强（不为胜利冲昏了头脑是坚强的最好的证据），只要你能坚强，我就一辈子放了心！成就的大小高低，是不在我们掌握之内的，一半靠人力，一半靠天赋，但只要坚强，就不怕失败，不怕挫折，不怕打击——不管是人事上的，生活上的，技术上的，学习上的——打击；从此以后你可以孤军奋斗了。

——摘自《傅雷家书·一九五五年一月二十六日》

先秦大学者荀子说："锲而舍之，朽木不折；锲而不舍，金石可镂。"可见，坚强的意志对于人生有着极大的作用。爱迪生说："伟大人物最明显的标志，就是他坚强的意志。"

人生道路，到处布满了荆棘，有着各种各样的挫折。人走在这条崎岖的道路上，如果他没有坚强的意志，那么他将没有得到真正的人生，平庸一生；如果一个人有坚强的意志，即使遇到挫折和失败，也不会停下来，跌倒了爬起，跌倒了再爬起。就这样，他获得了真正的人生，从而走向成功的彼岸。

有这样一个人，生长在农村，初中只读了两年，家里就没钱继续供他上学了。他辍学回家，帮父亲耕种三亩薄田。

在他19岁时，父亲去世了，家庭的重担全部压在了他的肩上。他要照顾身体不好的母亲，还有一位瘫痪在床的祖母。

那时正值20世纪80年代，农田承包到户。他把一块水洼挖成池塘，想养鱼。但乡里的干部告诉他，水田不能养鱼，只能种庄稼，他只好又把水塘填平。这件事成了一个笑话，在别人的眼里，他是一个想发财但又非常愚蠢的人。

后来，听说养鸡能赚钱，他向亲戚借了1000元钱，养起了鸡。但是一场洪水后，鸡得了鸡瘟，几天内全部死光。1000元对别人来说可能不算什么，可对一个只靠三亩薄田生活的家庭而言，不亚于天文数字。他的母亲受不了这个刺激，竟然忧郁而死。

他后来还酿过酒，捕过鱼，甚至还在石矿的悬崖上帮人打过炮眼……可都没有赚到钱。直到35岁的时候，他还没有娶到媳妇。即使是拖儿带女的寡妇也看不上他。因为他只有一间土屋，还是村里有名的危房，随时有可能在一场大雨后倒塌。娶不上老婆的男人，在农村是没有人看得起的。

但他还想搏一搏，就四处借钱买一辆手扶拖拉机。不料，上路不到半个月，这辆拖拉机就载着他冲入一条河里。他断了一条腿，成了瘸子。而那拖拉机，被人捞起来时，已经支离破碎，他只能拆开它，当作废铁卖了。

几乎所有的人都说他这辈子完了。

但是后来他却成了城里的一家公司的老总，拥有两亿元的资产。现在，许多人都知道他苦难的过去和富有传奇色彩的创业经历。许多媒体采访过他，许多报告文学描述过他。其中有这样一个情节：

记者问他："在苦难的日子里，你凭什么一次又一次毫不退缩？"

他坐在宽大豪华的老板台后面，喝完了手里的一杯水。然后，他把玻璃杯子握在手里，反问记者："如果我松手，这只杯子会怎样？"记者说："摔在地上，碎了。"

"那我们试试看。"他说。

他手一松，杯子掉到地上发出清脆的声音，但并没有破碎，而是完好无损。他说："即使有10个人在场，他们都会认为这只杯子必碎无疑。但是，这只杯子不是普通的玻璃杯，而是用玻璃钢制作的。"

拥有坚强意志的人就如同那玻璃钢制作的杯子，无论上天给他怎样的挫折与苦难，他都能在生存的间隙中抓住成功的机会，奋起一搏。拥有坚强意志的人总是能够承受巨大的压力。其实，平凡的我们，只要敢于在充满荆棘的道路上奋进，能够承受超过我们所认为的压力承受范围。学会承受压力就是我们培养坚强意志的良好开始。

麻省理工学院进行过一个有趣的实验，他们用铁圈将一个小南瓜整个箍住，以观察南瓜逐渐长大时，对这个铁圈产生压力有多大。

最初他们估计南瓜最大能够承受大约500磅（约226千克）的压力。最后当研究结束时，整个南瓜承受了超过5000磅的压力后才使南瓜破裂。他们打开南瓜，发现它中间充满了坚韧牢固的层层纤维。为了要吸收充分的营养，以便于突破限制它成长的铁圈，它的根部延展范围令人吃惊，所有的根往不同的方向全方位地伸展，最后这个南瓜独自地接管控制了整个花园的土壤与资源。

南瓜尚能够承受如此巨大的外力，我们只要凭着坚定和执着，凭着韧劲与恒心，多方努力去尝试，不要惧怕失败，去追求所期望的目标，每天都要拿出必要的行动，哪怕是一小步，只要中途别放弃希望，最终必然会增强自己的力量，达到自己理想的目标，由平凡的沙子变成闪耀的珍珠。

要 "有不怕看自己丑脸的勇气"

只要你记住两点：必须有不怕看自己丑脸的勇气，同时又要有冷静的科学家头脑，与实验室工作的态度。唯有用这两种心情，才不至于被虚伪的自尊心所蒙蔽而变成懦怯，也不至于为了以往的错误而过分灰心，消灭了痛改前非的勇气，更不至于茫然于过去错误的原因而将来重蹈覆辙。

——摘自《傅雷家书·一九五五年十二月二十一日晨》

林肖每天都需要奶奶提醒他写作业、带好文具等。有一次，奶奶因为老家有点事回去后，林肖不是忘记带文具，就是忘记做作业，早上上学也因为奶奶不在而发生睡过了头的情况。

每当事情发生的时候，林肖就不高兴地对父母说："我今天忘记带课本了，你们也不提醒我一下，今天都被老师批评了！""妈妈你就不能早点叫我起床吗？我现在去上学肯定要迟到了。奶奶都会准时叫我的，为什么你不可以呀？""今天的英语复习忘记了，要是奶奶在，她就会提醒我做完数学应该复习英语的。"对于自己的错误和缺点，林肖从来没有自我反省过。

金无足赤，人无完人。人有不足之处并不可怕，但是一个人要是看不到自己的缺点，不会从自己身上找缺点、找原因的话，那他将永远与成功无缘。

古人说，君子应一日三省其身。自省是我们每一个人都应该具有的品格。我们在成长的过程中，必然会遇到一些困难和挫折，有些是我们的主观原因而造成的困难和挫折，这就需要我们进行自我反省，及时修正错误，不断地调整自己的思想和行为，以保证自己健康成长。

那么我们应该怎样培养自省的习惯呢？

培养自省习惯，首先得抛弃那种"只知责人，不知责己"的劣性习惯。当面对问题时，不要说："这不是我的错。""我不是故意的。""有人不让我这样做。""本来不是这样的，都怪……"要善于从自己身上找原因，不要一味抱怨别人。

有一个寓言故事：一个乐于帮助别人的青年遇到了困难，想起自己平时帮助过很多朋友，于是他去找朋友们求助。然而，对于他的困难，朋友们全都视而不见、听而不闻。他怒气冲冲，他的愤怒这样激烈，以至于无法自己排遣，百般无奈，他去找了一位智者。智者说："助人是好事，然而你却把好事做成了坏事。"听智者这么说，他大感不解。智者继续解释说："首先，你开始就缺乏识人之明，那些没有感恩之心的人是不值得帮助的，你却不分青红皂白地帮助，这是你眼拙；其次，你手拙，假如在帮助他们的同时也培养他们的感恩之心，不至于让他们觉得你对他们的帮助是天经地义的，事情也许不会发展到这步田地，可是你没有这样做；第三，你心浊，在帮助他人时候，应该怀着一颗平常的心，不要时时觉得自己在行善，觉得自己在物质和道德上都优越于他人，你应该只想着自己是在做一件力所能及的小事。比起更富者，你是穷人；比起更善者，你是凡人。不要觉得你帮助了别人，就要归功于自己。"

青年听了智者的话后，心里的气顿时消了，他不再觉得委屈难受。

培养自省习惯，还要有"自知之明"，全面地认识自己，既要看到自己的长处，也要正视自己的不足，做到扬长避短，发挥自身优势，不断提高自己。

刘枫被选为班干部了，这本来是件值得高兴的事，但是没过几天，刘枫却沮丧地对父母说："我不想当班干部了！"原来刘枫在当上班干部后，需要管理全班同学，许多同学对他表示不服，老是喜欢捉弄他。有时候，老师在不明真相的情况下，还会误会刘枫，这让刘枫觉得特别委屈。

刘枫愤愤地说："做班干部真是吃力不讨好，我每天牺牲了那么多的休息时间，处处以身作则，凡事总是吃亏，还得不到同学们的理解！"

妈妈了解原因后对刘枫说："孩子，既然你已经做得很好了，为什么其他同学会不服你呢？是不是你有了骄傲的情绪？或者你冷落了同学？还是你在学习方面没搞好？或者你在处理同学之间的问题时没有注意方法和态度？"妈妈耐心地开导刘枫。

刘枫在妈妈的引导下开始反省自己，经过深刻地反思，他才意识到自己做事太认真以至于古板，当了班干部以后，不像以前那样和同学一起玩乐，总是把自己当成班干部去管其他同学，因此其他同学才会对自己不满。

可见，即使意识到错误是自己造成的，还要认真思考，自我反省错误产生的原因，才会知道自己究竟错在了什么地方，自己究竟为什么会错。只有真正思考了自己犯错的原因，找到错误产生的根源，才可能避免一错再错。

最后，正如孔子所说，"见贤思齐焉，见不贤而内自省也。"我们在日常生活中，看见了不好的行为，一定要怀着忧惧的心情反躬自问；自己有了好的品行，一定要坚定不移地加以珍视。我们要经常反问自己："我现在各方面表现如何？""我有什么优点？""有什么缺点？""我能再前进一些吗？""我的成绩还可以提高吗？""我是否应该听取爸爸妈妈的意见？"遇到困难时，问自己："为什么出现这种情况呢？是不是我哪里没做好？""如果我换一种方法，事情是不是会不一样呢？"通过不断自我反省、不断地给自己设定目标，才能不断取得成功。通过自我反省，许多问题可以得到解决，更重要的是自我反省可以帮我们拥有平静的心情，把事情做好，在与人相处时获得良好的人际关系。

赤子之心最可贵

> 赤子之心这句话，我也一直记住的。赤子便是不知道孤独的。赤子孤独了，会创造一个世界，创造许多心灵的朋友！永远保持赤子之心，到老也不会落伍，永远能够与普天下的赤子之心相接相契相抱！
>
> ——摘自《傅雷家书·一九五五年一月九日深夜》

"赤子之心"一词出自《孟子》，"赤子"是指刚出生的婴儿，孟子认为人性本善，所以，"赤子之心"就是指具有婴儿一样未受世俗污染、纯洁无瑕的心。

保持赤子之心的人在许多时候像无忧无虑的孩子，特别快乐，纯真善良，关爱他人，不善心计，不懂狡猾，不设防，不做假，不揣摩人，也不怕被人揣摩，因此省出了很多耍滑使坏和布防设防的时间，用于充分领略生活的美好。

曾红极一时的电视剧《士兵突击》中的许三多脑子笨，性格执拗，思维简单。这与他小时候成长的环境很不好、家庭成员整体素质不高有很大关系。他日均话语量低达1.03句，生活单调。这个主角平凡得不能再平凡，然而他却取得了成功，在部队里获得了许多成长和进步，获得了许多人对他真诚的信任和喜爱。这应该如何解释呢？

他如同一个孩子，用双手蒙着眼睛，一直不敢睁眼看世界。他被人使劲掰开手来，手指一点点张开缝来，看到天空的一点蓝，他便开心地笑；看到花儿的一点红，乐呵呵地笑；看到湖泊的一点绿，开怀笑。他一点点这样被充满，一点点这样打开心怀。他总是保持着那么可爱的单纯，像远离市区的菜地长出的韭菜，齐刷刷往上长，来不及被污染；像夏日早晨跳出来的太阳，没有雾气弥漫，不被云朵遮盖；做事没有名利心，没有得失感，只为了单纯的人性："好好活，做有意义的事"。

怀有赤子之心的人，他们的眼里不会有名利和等级，不会把自己看低，他总是持平常心看待人和事。因此，不管在哪儿，他总能大方自然，不卑不亢。这样的人往往更有魅力。下面的故事同样可以解释赤子之心的魅力。

汉斯和两个哥哥去向公主求婚。兄弟三人中，两个哥哥都有自己的特长，只有汉斯被认为没有学问，所以大家都叫他笨汉汉斯。

在路上，汉斯的两个哥哥就一直在斟酌可能用得上的词句，而汉斯却愉快地唱着歌曲，快乐地玩耍，捡拾着路上一些奇形怪状的石子，甚至还有别人吃过糖果后随手扔掉的漂亮糖纸，这招来哥哥们的阵阵嘲笑。到了向公主求婚时，两位哥哥虽然有才华，却因为太过紧张和害怕，没能向公主展示出来，只会说"这儿太热了"，而败下阵来。

轮到笨汉汉斯了，他一点也不像两位哥哥那样紧张，他只想让美丽的公主开心就行了。他和公主有说有笑，还把自己捡拾的"宝贝"拿出来和公主一同欣赏，而在汉斯眼里，每粒小石子每块糖纸都有自己的故事，公主听他编的故事入了迷，最后，汉斯竟然以自己独有的幽默和纯真气质赢得了公主的爱情。

可见，拥有赤子之心的人，没有得失功利心，能实事求是地、客观地、理性地看待自己，看待世界与人生，从容平静地看待所要面对的人和事，自然地让人们看到他们憨厚、童趣的一面，从而更容易打动人心而取得成功。这也是傅雷一直谆谆教导儿子要保持赤子之心的原因之一。

一个想要时常拥有快乐的人、想要成功的人都不能没有赤子之心，历史上许多超越平凡成就伟大的人都明白赤子之心的可贵。鲁迅，看透了世间的黑暗而没有被黑暗吞没，关键也在于他保持着一颗纯真的心。他曾说："我希望常存单纯之心，并且要深味这复杂的人世间。"许多人只看到"复杂的人世间"，而忽略了保持一颗纯真的心的可贵。文化和时政批评家余杰曾说，鲁迅正是有这颗心作底子，他才能用笔写下"活的中国"。

我们应该意识到赤子之心的可贵，社会和生活多少有些复杂，我们难免会迷失自己的方向，困住自己。我们应该时常自省，适时地跳出来，重新提醒自己不要丢失了最初看世界的心态。同时，我们要努力提高自己的思想品德修养，丰富自己的文化生活，培养高雅的情趣，拒绝生活中的不良诱惑。这样，我们就能永远都用一颗纯真的心去看世界，永远都用一颗充满爱的心去看世界，世界也会因我们的态度永远新奇而美丽！

非淡泊无以明志

亲爱的弥拉：聪一定记得我们有句谈到智者自甘淡泊的老话，说人心应知足，因此我们不应该受羁于贪念与欲望……我们希望聪减少演出，降低收入，减少疲劳，减轻压力，紧缩开支，而多享受心境的平静以及婚姻生活的乐趣。

——摘自《傅雷家书·一九六一年四月九日（译自英文）》

诸葛亮有句名言说，"非宁静无以致远，非淡泊无以明志"，深刻地表现了豁达与超脱，不为眼前功名利禄而劳神，宁静从容，以静养心，才能渐进人生更深远的境界。

这是因为，一个人如果能淡泊名利，就能保持心灵的纯真宁静。一个人如果保持了一颗纯真宁静的心灵，在自己应该做的事情之中尽了全力，他的成就自然而然就会显现出来，淡泊名利、无求而自得才是一个人走向成功的起点。

有一座大寺庙的方丈，因年事已高，一直在考虑接班人的问题。

一天，他将两个得意弟子智坚和智远，用绳吊放于寺院的悬崖之下，并对他俩说："你们谁能凭自己的力量从悬崖下攀爬上来，谁将是我的接班人。"

悬崖之下，身体瘦弱的智坚屡爬屡摔，摔得鼻青脸肿，但还在顽强地爬。当他拼死爬至半壁无处着力时，不幸摔落山崖，头破血流，奄奄一息。最后，高僧不得不用绳子将他吊上来。

而身体强健的智远，在攀爬几次都不成功后，便沿着悬崖下的小路，顺水而下，穿过树林，出了山谷，然后游名山、访高师，一年之后回至寺中。奇怪的是，高僧不但没有骂他怯懦怕死，将他赶出寺门，反而指定他为接班人。

众僧很是不解，纷纷询问高僧。高僧微笑着解释道："寺院后的悬崖极其陡峭，是人力所不能攀上来的。但悬崖之下，却有路可寻。如果只为名利所诱，心中就只有面前的悬崖绝壁。这时，是天不设牢，而人自在心中建牢。在名利的牢笼之内，徒劳地挣扎，轻者烦恼伤心；重者伤身损肢；极重者则粉身碎骨。"

不久后，高僧在安详中圆寂。智远成了这座大寺庙的住持。此后，寺庙内香火鼎盛，僧徒日增。

抛开名利，让内心清净，这当然是无上的境界，但很多人却放不下名利的诱惑，将自己置于牢笼内。其实，看淡名利的诱惑，才会拥有更广阔的天空。把眼前的名利看得轻淡的人，就能平静安详、全神贯注地学习、钻研，也会有明确的志向，从而实现远大的目标。居里夫人便是这样一个榜样。

居里夫妇在发现镭之后，世界各地纷纷来信希望了解提炼的方法。居里先生平静地说："我们必须在两种决定中选择一种。一种是毫无保留地说明我们的研究成果，包括提炼方法在内。"居里夫人做了一个赞成的手势说："是，当然如此。"居里先生继续说："第二个选择是我们以镭的所有者和发明者自居，但是我们必须先取得提炼铀沥青矿技术的专利执照，并且确定我们在世界各地造镭业上应有的权利。"取得专利代表着他们能因此获得巨额的金钱、舒适的生活，还可以留给子女一大笔遗产。但是居里夫人听后却坚定地说："我们不能这么做。如果这样子做，就违背了我们原来从事科学研究的初衷。别人要研制不应该受到任何限制。""何况镭是对病人有好处的，我们不应当借此来谋利。"他们轻而易举地放弃了这唾手可得的名利。

居里先生逝世之后，淡泊名利的居里夫人继续埋头研究，取得了许多成就，她一生获得各种奖章16枚、各种荣誉头衔117个，自己却丝毫不以为意。有一天，她的一位女性朋友来她家做客，忽然看见她的小女儿正在玩弄英国皇家学会刚刚奖给她的一枚金质奖章，不禁大吃一惊，连忙问她："那枚奖章是极高的荣誉，你怎么能给孩子拿去玩呢？"居里夫人笑了笑说："我是想让孩子从小就知道，荣誉就像玩具一样，只能玩玩而已，决不能永远守着它，否则就将一事无成。"

将荣誉视为玩具，由此看来，淡泊名利就是将复杂的东西简单化。人，简单了就能把精力集中，也就更容易做出成就。其实，看淡名利的人还会容易拥有快乐，这是因为，能够做到淡泊名利的人，是大智大慧的人，他以睿智的目光洞察了世界，从而，胸怀宽广、豁达洒脱，不论处境如何，都能清醒地看待事物，不被外物左右，享受自己的人生。

"文化大革命"中，钱钟书这位二十几岁便名扬四方的"文化昆仑"，竟被指派在一名女清洁工的监督下打扫厕所，但他却能一直幽默乐观地生活，即使在惨无人道的批判面前，也有自己的应对方式。

电视剧《围城》热播后，钱钟书的新作旧著，被争先恐后地推向市场。面对这种火爆，钱钟书始终保持静默。对所谓的"钱学"热，他认为"吹捧多于研究""由于吹捧，人物可成厌物"。有人用钱鼓动他接受采访，他却说："我都姓了一辈子钱了，难道还迷信钱吗？"一著名洋记者慕名想见他，他回话说："假如你吃了一个鸡蛋觉得还不错，又何必要去认识那只下蛋的母鸡呢？"钱钟书认为作家的使命就是要抵制任何诱惑，要有一枝善于表达自己思想的笔，要有铁肩膀，概括起来说就是：头脑、笔和骨气。

淡泊，便是这样一种宠辱不惊的淡然与豁达，一种遭遇世事变迁时的从容与镇定，一种大彻大悟的宁静心态。真正淡泊的人，能够坦诚地面对自己、面对世界、面对人生，"任天空云卷云舒，看庭前花开花落"，永远保持一个真实的自我，做一个快乐的人……

淡泊的品质必须经过有意识的培养、教育才可形成，傅雷教导儿子培养这一品质的方法值得我们学习和借鉴，现摘录如下："我一再提议你去森林或郊外散步，去博物馆欣赏名作，多和大自然与造型艺术接触，无形中能使人恬静旷达（古人所云'荡涤胸中尘俗'，大概即是此意），维持精神与心理的健康。在众生万物前面不自居为'万物之灵'，方能去除我们的狂妄，打破纸醉金迷的俗梦，养成淡泊洒脱的胸怀，同时扩大我们的同情心。欣赏前人的遗迹，看到人类伟大的创造，才能不使自己被眼前的局势弄得悲观，从而鞭策自己，竭尽所能的在尘世留下些许成绩。"

爱国使人志存高远

从来信可以看出你立身处世，有原则，有信心，我们心头上的石头也放下了。但愿你不忘祖国对你的培养，坚持你的独立斗争，为了民族自尊心，在外更要出人头地的为国争光，不仅在艺术方面，并且在做人方面。

——摘自《傅雷家书·一九六〇年一月十日夜》

苏联的著名教育家伊·安·凯洛夫说："爱国主义也和其他道德情感与信念一样，使人趋于高尚，使人愈来愈能了解并爱好真正美丽的东西，从对于美丽东西的知觉中体验到快乐，并且用尽一切方法使美丽的东西体现在行动中。"有爱国之心，也便会有崇高的理想和远大的目标，心系祖国，志存高远的优秀人才往往可能取得大成就。

波兰最有影响力的钢琴家肖邦是在波兰民间音乐的乳汁抚育下成长起来的。他不但热爱波兰的民族文化，更深深地热爱着自己的祖国波兰。那时，他的祖国正遭受沙皇的奴役和欺辱，波兰的大地被俄国、奥地利和普鲁士瓜分得支离破碎。年轻的肖邦为苦难深重的祖国担忧，为即将来临的革命风暴所鼓舞。

一天，肖邦看到了波兰进步诗人维特维斯基的一首题为《战士》的诗。这是一首激动人心的诗篇，肖邦爱不释手地读了一遍又一遍，他情不自禁地轻声朗诵出来：

时间已到，

战马嘶鸣，

马蹄忙不停。

再见，母亲、父亲、姐妹，

我告别远行。

乘风飞驰

扑向敌人

浴血去斗争。

我的战马快如旋风，

一定能得胜。

我的马儿，

英勇战斗，

如果我牺牲。

你就独自掉转头来，

向故乡飞奔

……

念到这里，肖邦激动得再也读不下去了，他转身俯到写字台前，拿起五线谱纸，为《战士》这首诗谱上了曲。由肖邦作曲、维特维斯基作词的这首《战士》之歌就像长了翅膀一样很快在波兰爱国青年中传唱起来，这支歌鼓舞着波兰青年纷纷投身革命洪流。

肖邦要出国演出，朋友们送给他一件最珍贵的礼物：一只盛满祖国泥土的银杯。

在国外演奏，他时时刻刻心系自己的祖国，他眼前浮现出的总是战斗中的祖国，挺胸行进的朋友们。在这种感情驱使下，他写下了《b小调谐谑（xuè）曲》。肖邦通过这首钢琴曲倾诉了他对祖国温柔的怀念之情，倾诉了他渴求战斗的激情。这也是这首乐曲在肖邦的作品中占有独特的位置的原因所在。

当得知华沙起义失败的消息，他悲痛不已，硝烟弥漫的祖国，火光冲天的华沙，倒到血泊中的起义者……这些景象萦绕着肖邦，使他不得安宁。他痛苦地闭上了双眼，他的心紧缩起来。他把这炽烈燃烧着的感情凝结在音符里，他把全部的悲愤之情倾泻在钢琴上，肖邦的钢琴曲《C小调练习曲》就是在这种心境下创作出来的。这首乐曲悲愤、激昂，曲调忽而上升，忽而急剧下降，发出猛烈的咆哮，像一匹烈马在感情的波涛里搏斗、奔腾。这首乐曲充满了刚毅、坚强和大无畏的英雄气概，所以人们通常又把这首钢琴曲称作《革命练习曲》。这是肖邦的又一部著名代表作，影响深远。

肖邦的后半生创作了很多具有爱国主义思想的钢琴作品，抒发自己的思乡情、亡国恨。由于肖邦的音乐具有强烈的爱国主义情感，体现出波兰人民热爱自由、渴望民族解放的强烈愿望，使得他音乐所表现的范围极其广阔、内涵极其丰富，是世界钢琴文献中不可多得的精品。德国著名音乐评论家舒曼对肖邦的音乐评价极高，他说："肖邦的作品是藏在花丛里的一尊大炮。"

爱国之心是一种大爱精神，是爱的一种高尚境界，不仅从事艺术的人需要爱国之心，任何职业任何领域的人要取得杰出成就都需爱国之心。著名科学家爱因斯坦有一句话，"大多数人都以为是才智成就了科学家，他们错了，是品格"。

20世纪50年代，我国"航天之父"钱学森放弃了在美国优越的工作生活环境，冲破重重阻挠回到祖国，将自己的才华贡献给祖国的现代化建设；在没有充分的资料可查、没有现成模式可依的情况下，他带领科技人员在中国自然环境最恶劣的地区坚持科研攻关，为中国国防尖端科技作出了巨大贡献……

老一辈科学家，他们对于科研经费的感觉是"沉甸甸"，因为国家许多钱投下去如果看不到结果，没法向国家交代，他们会感觉"让人夜不能寐"。这种由爱国情怀生发出的使命感、责任心，会促使人们更加珍惜国家的科研经费，瞄准本学科领域的国际前沿和制高点，更加勤奋忘我地工作。

在钱学森以及其他老一辈大师级科学家的身上,我们能非常强烈地感受到爱国情怀。他们所获得的成就,是由他们的思想品格和人生境界决定的。这正如"杂交水稻之父"袁隆平所说:"科学研究没有国界,但科学家是有祖国的,科学家的心中必须装着祖国和人民……作为一个科学家,一个科技工作者,如果你不爱国,如果你对人类没有感情,那你就丧失了做人的基本准则,更谈不上科学道德了,不可能有大的出息。我的目标是不仅要让全国人民吃饱,而且要让全国人民吃好。"

那么,我们青少年应该如何爱国呢?

首先,我们要有一个远大的志向,树立和培育正确的理想信念,对自己的未来充满希望,要立志为自己的未来而努力奋斗,把祖国建设成为物质文明、政治文明、精神文明的国家。

其次,就要从小事做起,规范自己的行为。例如,在升国旗时,少先队员要行队礼,不是少先队员的同学要行注目礼。平时日常生活中要爱护红领巾,应该为自己是少先队的一员而感到骄傲。

当然,以上两点都必须从良好的自身素质做起,而提高自身素质的不二法则就是现在用功读书,用知识武装头脑,广泛涉猎对自己有益的知识,不断充实自己。

第四章 梳理情绪，快乐常随

SHULI QINGXU KUAILE CHANGSUI

乱发脾气伤人伤己

亲爱的弥拉：我会再劝聪在琐屑小事上控制脾气，他在这方面太像我了，我屡屡提醒他别受我的坏习惯影响。我只能劝你在聪发脾气的时候别太当真，就算他有时暴跳如雷也请你尽量克制，把他当作一个顽皮的孩子，我相信他很快会后悔，并为自己蛮不讲理而惭愧。

——摘自《傅雷家书·一九六一年三月二十八日》

乱发脾气会伤人伤己。著名的英国军事理论家托·富勒说："生气就是自己惩罚自己。"生气还是一把利器，杀人于无形。

有一个男孩，很任性，常常对别人乱发脾气。一天，他的父亲给了他一袋钉子，并告诉他："你每次发脾气的时候，就钉一根钉子在墙上。"第一天，这个男孩发了37次脾气，所以他钉下了37根钉子。慢慢的男孩发现控制自己的脾气比钉下钉子要容易些，所以他每天发脾气的次数就一点点减少了。终于有一天，这个男孩能够控制自己的情绪，不再乱发脾气了。父亲又告诉他："从现在开始，每次你忍住不发脾气的时候，就拔出一根钉子。"过了很多天，男孩终于把所有的钉子都拔出来了。

父亲拉着他的手，来到墙边，说："孩子，你做得很好。但是现在看看这布满小洞的白墙吧，它再也不能回到从前的样子了。你生气时说的伤害人的话，也会像钉子一样在别人心中留下伤口，不管你事后说多少对不起，那些伤疤都将永远存在。"

可见，发怒，尤其是乱发脾气，不只伤到自己，还会伤害别人，使人难堪，影响人际关系。

你是否知道乱发脾气对人有哪些伤害呢？人在震怒之时，大脑神经高度紧张，肝气横逆，气促胸闷，即平日所谓"气愤填膺"。经常发怒的人，必然影响肝脾，易患肝炎、肝癌。暴怒还可导致吐血、腹泻、昏厥、突然失明或耳聋。爱发怒的人患心脏病和死亡的概率，比少发怒的人要高至少五倍。清代医学家林佩琴所撰《类证治裁》指出，因怒气伤肝而引发的疾病有三十多种。

更为可怕的是，人在生气时还容易丧失理智，造成令自己后悔莫及的悲剧。有这样一个真实的故事：

有一个男人，他的妻子在生小孩儿时因难产过世了，因此，他将孩子视为珍宝。他家有条聪明能干的狗，男人不在家时就担负起照看婴儿的重担。有一天，男人有事外出，很晚才回来。狗知道主人回来了，欢快地出来迎接。可是男人看到狗嘴里都是血，一种不祥的预感顿时涌上心头，心想是不是这狗由于饥饿，兽性发作把孩子给吃了。于是他连忙赶到床边一看，没人，只看到一堆血迹。男人在狂怒之下，拿起棍子便将这条狗活活打死了。谁知就在这时候，孩子哭着从床底下爬了出来，男人这才知道自己错怪了狗，四下查看，发现不远处躺着一条狼，已被活活咬死，再看那条狗，后腿已被严重抓伤。原来在男人外出的时候，有只狼溜了进来想偷吃孩子，狗勇敢地冲上去与狼搏斗，最终保住了孩子的生命。男人知道真相后，号啕大哭，悔恨不已，可是一切已经无法挽回。

为什么会发生这样的悲剧？那是因为他被强烈的愤怒冲昏了理智，以至于失去了最基本的判断与核实的能力。其实这也是人的通病。根据心理学家的测算，人在愤怒的时候，智商是最低的。在愤怒的关头，人们会作出非常愚蠢的决定而自以为是，也会作出非常危险的举动而大义凛然。这个时候所作的决定，90%以上都是极端的错误。

其实，很多人都是被"一时之气"而断送一生的。远如周公瑾禁不起三气，因而短命身亡；近如马加爵，一气之下连杀四人。当然这是极端的例子。许多刑事案件也都是在罪犯生气的时候做了一个不理智的决定而发生的，几乎所有的罪犯在接受采访时都表示过："如果当时……"事实上，绝大多数人本质是善良的，"人之初，性本善"，真正穷凶极恶的人是少之又少。从这个意义上讲，在生气时能否保持理智，将从根本上影响人的一生。

生气除了对自己的身体和别人的感情造成伤害之外，没有任何益处。因而，尽量不要生气，找到适合自己的宣泄方式让自己的心态平和些。

有这样一个人，每次生气和人起争执的时候，就以最快的速度跑回家去，绕着自己的房子和土地跑三圈，然后坐在田地边喘气。

他工作非常勤劳，所以他的房子越来越大，土地也越来越广……但不管房地有多大，只要与人争论生气，他还是会绕着房子和土地跑三圈。"他为何每次生气都要绕着房子和土地跑三圈？"所有认识他的人心里都起了疑惑，但是不管怎么问他，他都不愿意说。

直到有一天他老了，他的房地已经太大了。他生了气，挂着拐杖艰难地绕着土地跟房子，等他好不容易走了三圈……太阳都下山了。他独自坐在田边喘气，他的孙子在身边恳求他："爷爷！您已经年纪大了，这附近地区的人也没有谁的土地比您的更大了，您不能再像以前一样，一生气就绕着土地跑！您可不可以告诉我这个秘密，为什么您一生气就要绕着土地跑上三圈呢？"

他禁不起孙子的恳求，终于说出隐藏在心中多年的秘密。他说："年轻时，我一和人吵架、争论、生气，就绕着房地跑三圈，边跑边想……我的房子那么小，土地那么少，我哪儿有时间、哪儿有资格去跟人家生气呢？一想到这里，气就消了，于是就把所有的时间用来努力工作。"

孙子问道："爷爷！您年纪老了，又变成最富有的人，为什么还要绕房地跑呢？"

他微笑着说："我现在还是会生气，生气时绕着房地走三圈，边走边想……我的房子这么大，土地这么多，我又何必跟人计较呢？一想到这，气就消了。"

这个故事告诉我们，戒怒要学会用意识控制，即当你怒从心头起，将要和人吵架的时候，就要赶快提醒自己，吵架只会给双方带来更多的烦恼，不能解决任何问题，实在不值得。概括起来，控制自己的怒气可以参照以下三条建议：

首先，用理智的力量来控制自己的怒气，也就不会使用粗鲁的语言，更不会采取粗暴的行动。在电影《林则徐》里，林则徐在墙上就贴着一张条幅，上面写着两个醒目的大字——"制怒"，这就是借用无声的文字语言来控制自己的怒气。

其次，要会运用疏泄法，即把积聚、抑郁在心中的不良情绪，通过适当的方式宣达、发泄出去，以尽快恢复心理平衡。但发泄不良情绪，必须找到正当的途径和渠道来发泄和排遣，决不可采用不理智的冲动性的行为方式。否则，非但无益，反而会带来新的烦恼，引起更严重的不良情绪。

其三，还可采用转移法，即通过一定的方法和措施改变人的思想焦点，或改变其周围环境，使其与不良刺激因素脱离接触，以便从情感纠葛中解脱出来，或转移到其他事物上去。

除了遇事戒怒，还要培养开朗的性格。因为开朗的性格与长寿是密切相关的。国外有人调查80岁以上老人的长寿秘诀，结果发现其中96%的寿星都是性格开朗的、极少动怒的人。

警惕被胜利冲昏头脑

我提这些话，不是要为我过去的做法辩护，而是要趁你成功的时候特别让你提高警惕，绝对不让自满和骄傲的情绪抬头。我知道这也用不着多嘱咐，今日之下，你已经过了这一道骄傲自满的关，但我始终是中国儒家的门徒，遇到极盛的事，必定要有"如临深渊，如履薄冰"的格外郑重、危惧、戒备的感觉。

——摘自《傅雷家书·一九五五年三月二十一日》

莎士比亚曾经说过："一个骄傲的人，结果总是在骄傲里毁灭了自己。"有些人面对胜利产生了自满和骄傲的心理，被胜利冲昏了头脑，导致停滞不前，甚至失败。方仲永的故事大家都听过，这里有一个对他骄傲自满情绪描写得既细致又生动的版本：

北宋时期，民间出现了一位神童，名叫方仲永。他在六岁时便能很流利地背诵出几百首唐诗，并且声称自己可以写出诗来，但是所有的人只是听说而已，从来没有亲眼见过他写诗。即便是这样，周围的邻居们对他也是赞叹不已，把他当作榜样来教育自己的儿女。

有一年春节，方仲永的父亲带着他到好朋友刘伯家做客，刘伯非常热情地接待了他们，并大摆宴席，因为方仲永聪明过人，所以也被刘伯安排到大人们聚集的桌上。其实刘伯的心中有他的打算，因为他听说方仲永这么小的年龄就可以作诗，心中有些怀疑，所以想趁着今天这个大好的机会来考考他，看看传闻是否真实。

酒过三巡、菜过五味的时候，刘伯举起酒杯站起身来走到方仲永父子身边，对方仲永的父亲说道："老弟啊，你可是养了一个好儿子啊！街坊邻居们谁不夸他聪明伶俐呀？他能一口气背出几百首唐诗，这么小的年纪真是不容易啊！"方仲永的父亲微微一笑，对刘伯说道："过奖了，小儿只是比其他孩子多些勤奋而已，并不是什么天资聪颖。"刘伯借着酒劲未消接着说道："我听说方仲永可以即兴做诗，不知此事是否属实？因为他只有六岁，我不大相信这个传闻，今天正好大伙都在场，我想当众考一考他，怎么样？"

方仲永听到这里，把手中的鸡腿放在盘子里后，小眼珠一转，他心想：刘伯这是不相信我会做诗，想借此机会考一考我。看来我今天不露一手是不行啦，要不然他们今后会瞧不起我的。所以，他用小手抹了抹嘴上的油，上前答了话："刘伯伯，您说得没错，我可以写诗。这样吧，今天我也很高兴，为了感谢您今天的款待，您现在就出题目吧，我当众做诗。"

刘伯喝干了杯中的酒，用眼睛环顾了一下四周后开始出题："贤侄，你就以今天我们相聚为题即兴做一首诗吧。"

方仲永把小眼睛一眨，低头沉思了片刻念道："佳肴设美景，杯酒映亲朋。化成交心论，说与几代听。"

"好诗！"刘伯把巴掌拍得山响，点头称赞道。

在座的人也无不叫好，此时，方仲永的父亲脸上去掉了紧张的神情而露出了得意的微笑。

接下来，宴席上的谈话内容只剩下了对小方仲永的赞美。方仲永的父亲此时已经乐得连嘴都合不拢了。

从此，方仲永即兴做诗的事被传为美谈，他被方圆十里的乡亲称为"神童"。

所有的乡亲都想方设法地请方仲永父子到家里做客，方仲永从此每天的日程安排得非常满。方仲永开始觉得自己越来越了不起，逢人便给他们解释那首他即兴做出的诗，众人每当听到他做解释的时候都是洗耳恭听，想从中学习些什么。

方仲永到了十岁的时候，他和他的父亲又来到了刘伯家里做客，在宴席上，刘伯又让方仲永当众做诗。方仲永站起身来，用不屑的眼光看了一下周围的人说道："我认为我的诗的境界已经超过了唐诗的水平，比如上回我写的那首诗中，最朴实的话就是'佳看设美景'，最形象的话就是'杯酒映亲朋'，最有意境的话就是'化成交心论'，最感人的话就是'说与几代听'。"

刘伯和众人听后一直在点头，口中称是。刘伯接着说道："贤侄，我们想听你再作一首诗，如何？"

方仲永想都没想，张口念道："佳看设美景，杯酒映亲朋……"

"不是"刘伯急忙打断了方仲永道，"我是说你再做一首新诗出来让大家欣赏一下。"

方仲永迷惑不解地说道："新诗？我还没有写出来呢。我刚才说的诗是我所写的最后一首啊！"

方仲永这个神童，就是因为自满而让自己沦为了一个笑柄，有句话说："盛名之下，难副其实。"当一个人在某方面获得一些成绩时，外界随之而来的鲜花和掌声往往会使他的成就感无形中膨胀起来，所带来的后果就是感觉自己在这方面已经处于登峰造极的程度，更有甚者，会认为自己无所不能。尤其是当外界在夸大事实的基础上对其加以吹捧的话，会使被吹捧之人的骄傲心理膨胀的速度加快。这种影响尤其在一个人少年得志时显得更加突出，因为年轻，所以缺乏应有的判断力而极易被外界的吹捧所迷惑，最后盲目地抬高自己，产生出骄傲心理。

古今中外，凡是有前途的人，都与"胜不骄，败不馁"有着直接关系。一个有定力的人不会在成功时被鲜花和掌声所淹没，这样的人往往会取得更大的成就。曾4次获得奥运金牌，14次获得世界冠军头衔，闻名世界的、被誉为"乒乓女皇"和"乒坛小个子巨人"的我国乒乓球运动员邓亚萍就是一个这样的典型。

邓亚萍从6岁开始学习乒乓球，凭着顽强的意志力和奋勇拼搏的精神，练了一身本领。13岁夺全国冠军，15岁夺亚洲冠军，16岁在世界锦标赛成为单打和双打双料冠军，20岁时成为名副其实的乒坛皇后，为祖国争光，被评为世界乒乓球一号种子选手。这是多么令人瞩目的成绩，但她在胜利面前从不骄傲，依然保持清醒的头脑，训练仍旧十分刻苦，并总是不断追求更新、更高的目标，邓亚平每次获奖后，总是把奖杯和奖牌交给爸爸保管，然后又开始自己紧张的训练。她说："一切从零开始，永远从零开始。必须在技术、战术上不断创新，下一回让对手看见一个新的邓亚萍。"

上述故事从正反两面印证了"骄傲使人落后，虚心使人进步"的道理，有些同学虽然懂得这个道理，可是却不能在自己的生活中贯彻，例如：有的同学学习成绩很不稳定，假如一次考试考好了，他会沾沾自喜，懈怠放松，因而等到下一次考试时他的成绩又退步了。有过这样的体会的同学，应该怎样克服骄傲情绪呢？

首先，应该给自己订个较高的目标，这样一来，虽然有些许进步，但是每当想到自己更高远的目标，就会更加努力，而不是满足于现状，为一次成绩而沾沾自喜。

其次，让自己时刻谨记"山外有山，人外有人"，不能妄自尊大。

耐心比急躁出成绩

还要说两句有关的话，就是我老跟恩德说的："要有耐性，不要操之过急。越是心平气和，越有成绩。"

——摘自《傅雷家书·一九五五年五月十六日

孩子，耐着性子，消沉的时间，无论谁都不时要遇到，但是很快会过去的。

——摘自《傅雷家书·一九五四年月二十一日》

有句话叫作"欲速则不达"，说明过于性急图快，反而适得其反，不能达到目的。有这样一则故事：

日本近代有两位一流的剑客，宫本武藏和柳生又寿郎。

当年，柳生刚刚拜宫本为师时，就迫不及待地问："师父，您是过来人，慧眼如炬，您看，根据我的资质，要练多久才能成为一流的剑客？"

宫本答道："最少也要十年吧！"

"十年，是不是太久了！"柳生问道，"师父，我是个意志坚强的人，假如我加倍苦练，多久可以成为一流的剑客呢？"

宫本答道："那就要二十年了。"

柳生一脸狐疑，又问："假如我晚上不睡觉，夜以继日地苦练呢？"

"那样的话，就是三十年你也不会成功。"

柳生可谓是不惜一切想尽快成功，可是为什么在师傅的眼中，他越是努力就离自己的目标越远呢？这是因为它的心完全被渴望成名成功的思想所占领，没有平和的心态。努力本身并没有错，可是期盼迅速成功、一夜成名的心态反而会使人浮躁易败。

生活中有很多事情是需要耐心等待、耐心努力的。如果一个人在学习或者做事过程中没有耐心，他不是虎头蛇尾，就是半途而废，终将无法善始善终。有的人从小就形成了这样的性格，一直延续到中学、大学乃至整个人生，错失了很多成功的机会。其实，即使一个人不追求辉煌，耐心的人也一定比一个情绪焦急浮躁的人更容易领略到许多细节的美好。

比如从前有个年轻的农夫，他要与情人约会。但小伙子性急，来得太早，又没耐心等待。他无心观赏明媚的阳光、迷人的春色和鲜艳的花朵，一头躺倒在大树下长吁短叹。

忽然他面前出现了一个侏儒。"我知道你为什么闷闷不乐。"侏儒说，"拿着这纽扣，把它缝在衣服上。你要遇着不得不等待的时候，只消将这纽扣向右一转，你就能跳过时间，要多远有多远。"这很合小伙子的胃口。

他握着纽扣，试着一转：啊，情人已出现在眼前，还朝他笑送秋波呢！真棒啊，他心里想，要是现在就举行婚礼，那就更棒了。他又转了一下：隆重的婚礼、丰盛的酒席，他和情人并肩而坐，周围管乐齐鸣，悠扬动人。他抬起头，盯着妻子的眸子，又想，现在要只有我俩该多好！他悄悄转了一下纽扣：立时夜阑人静……他心中的愿望层出不穷：我们应有座房子。他转动着纽扣：房子一下子飞到他眼前，宽敞明亮，迎接主人。我们还缺几个孩子，他又迫不及待，使劲转了一下纽扣：日月如梭，顿时已儿女成群。他站在窗前，眺望葡萄园，真遗憾，它尚未果实累累。偷转纽扣，飞越时间。生命就这样从他身边急驶而过。还没有来得及思索后果，他已老态龙钟，衰卧病榻。至此，他再也没有要为之而转动纽扣的事了。

回首往日，他不胜追悔自己的性急失算：我不愿等待，操之过急，没有耐性，眼下，因为生命已风烛残年，他才醒悟：即使等待，在生活中亦有意义。

他多么想将时间往回转一点啊！他握着纽扣，浑身颤抖，试着向左一转，扣子猛地一动，他从梦中醒来，睁开眼，见自己还在那生机勃勃的树下等着可爱的情人。

一切急躁不安已烟消云散。他平心静气地看着蔚蓝的天空，听着悦耳的鸟语，逗着草丛里的甲虫，他在这过程中感受到生命的美好。

可见，耐心，可以让我们领略到过程之中许多细节的美好。而且如果我们有耐心，就能够在过程中积蓄力量，经过努力，历尽艰辛，最终能够实现愿望。

小水滴和斧头的寓言说明了这个道理：小水滴和斧头比赛在石头上凿洞。斧头刚一开始凿，就不想比赛了，因为一下下去，才凿出一个浅浅的白印。他心想，要凿一个洞，要什么时候才能凿完呢，所以他放弃了。小水滴，一直在滴答滴答，不停地努力滴在石头上，经过很多年以后，终于凿出一个洞。

由此可见，要想出成绩，要达成目标，必须耐心努力，不能因急躁而轻易放弃。这正如一位哲人所说："一针一线都是耐心缝制的帆，才能迅速而安全地将我们送到成功的彼岸。用焦急与功利心打造出的船，只能将我们埋葬在失败的大海中。"

既然耐心如此重要，那么我们平时在生活中应该怎样培养自己的耐心呢？

一，有意识地做一些重复性高的活动或事情。比如练习写毛笔字、画画等。

二，有意识地做等待性强的事，例如钓鱼。

三，注意培养自己宽宏大量的胸襟。一般没有耐性的人都是心胸比较狭窄的，看事比较绝对的，应当注意培养自己要宽容、大度，不要斤斤计较。

控制情绪多用理智

只要高潮不过分使你紧张，低潮不过分使你颓废，就好了。太阳太强烈，会把五谷晒焦；雨水太猛，也会淹死庄稼。我们只求心理相当平衡，不至于受伤而已。

——摘自《傅雷家书·一九五四年十月二日》

情感是我们每个人天生就具有的一种感受。日常生活里，我们的情感多是平淡的，难以察觉的。但如果有什么重大事情发生，例如参加一次非常重要的考试，或者忽然听到一个震惊的消息，我们的情感就可能迅速变得强烈，冲出我们掌控的范围。

过度强烈的情感，就像一个漩涡，会把我们带往深不可测的水底。在这个过程中，我们的身、心都会遭受巨大的损害。要避免这样的伤害，我们就要学会理性开导自己的情感，不让它集结成可以伤害我们的力量。

古希腊哲学家苏格拉底见到一位年轻人茶饭不思、精神萎靡，十分怜悯。

苏格拉底：孩子，为什么悲伤？

失恋者：我失恋了。

苏格拉底：哦，这很正常。如果失恋了没有悲伤，恋爱大概也就没有什么味道。可是，年轻人，我怎么发现你对失恋的投入甚至比对恋爱的投入还要倾心呢？

失恋者：到手的葡萄给丢了，这份遗憾、这份失落，您不是当事人，怎知其中的酸楚啊。

苏格拉底：丢了就是丢了，何不继续向前走去，鲜美的葡萄还有很多。

失恋者：等待，等到海枯石烂，直到她回心转意向我走来。

苏格拉底：但这一天也许永远不会到来。你最后会眼睁睁地看着她和另一个人走了。

失恋者：那我就用自杀来表示我的诚心。

苏格拉底：但如果这样，你不但失去了你的恋人，同时还失去了你自己，你会蒙受双倍的损失。

失恋者：踩上她一脚如何？我得不到的别人也别想得到。

苏格拉底：可这只能使你离她更远，而你本来是想与她更接近的。

失恋者：您说我该怎么办？我真的很爱她。

苏格拉底：真的很爱？

失恋者：是的。

苏格拉底：那你当然希望你所爱的人幸福？

失恋者：那是自然。

苏格拉底：如果她认为离开你是一种幸福呢？

失恋者：不会的！她曾经跟我说，只有跟我在一起的时候她才感到幸福！

苏格拉底：那是曾经，是过去，可她现在并不这么认为了。

失恋者：这就是说，她一直在骗我？

苏格拉底：不，她一直对你很忠诚。当她爱你的时候，她和你在一起，现在她不爱你，她就离去了，世界上再没有比这更大的忠诚。如果她不再爱你，却还装着对你很有情谊，甚至跟你结婚、生子，那才是真正的欺骗呢。

失恋者：可我为她所投入的感情不是白白浪费了吗？谁来补偿我？

苏格拉底：不，你的感情从来没有浪费，根本不存在补偿的问题。因为在你付出感情的同时，她也对你付出了感情，在你给她快乐的时候，她也给了你快乐。

失恋者：可是她现在不爱我了，我却还苦苦地爱着她，这多不公平啊！

苏格拉底：的确不公平，我是说你对所爱的那个人不公平。本来，爱她是你的权利，但爱不爱你则是她的权利，而你却想在自己行使权利的时候剥夺别人行使权利的自由。这是何等的不公平！

失恋者：可是您看得明明白白，现在痛苦的是我而不是她，是我在为她痛苦。

苏格拉底：为她而痛苦？她的日子可能过得很好，不如说是你为自己而痛苦吧。明明是为自己，却还打着别人的旗号。年轻人，德行可不能丢哟。

失恋者：依您的说法，这一切倒成了我的错？

苏格拉底：是的，从一开始你就犯了错。如果你能给她带来幸福，她是不会从你的生活中离开的，要知道，没有人会逃避幸福。

失恋者：什么是幸福？难道我把我的整个身心都给了她还不够吗？您知道她为什么离开我吗？仅仅因为我没有钱！

苏格拉底：你也有健全的双手，为什么不去挣钱呢？

失恋者：可她连机会都不给我，您说可恶不可恶？

苏格拉底：当然可恶。好在你现在已经摆脱了这个可恶的人，你应该感到高兴，孩子。

失恋者：高兴？怎么可能呢，不管怎么说，我是被人给抛弃了，这总是叫人感到自卑的。

苏格拉底：不，年轻人的身上只能有自豪，不可自卑。要记住，被抛弃的并非是不好的。

失恋者：此话怎讲？

苏格拉底：有一次，我在商店看中一套高贵的西服，可谓爱不释手。营业员问我要不要。你猜你怎么说，我说质地太差，不要！其实，我口袋里没有钱。年轻人，也许你就是这件被遗弃的西服。

失恋者：您真会安慰人，可惜您还是不能把我从失恋的痛苦中引出。

苏格拉底：是的，我很遗憾自己没有这个能力。但，可以向你推荐一位有能力的友人。

失恋者：谁？

苏格拉底：时间。时间是人最大的导师，我见过无数被失恋折磨得死去活来的人，是时间帮助他们抚平了心灵的创伤，并重新为他们选择了梦中情人，最后他们都享受到了本该属于自己的那份人间之乐。

失恋者：但愿我也有这一天，可我的第一步该从哪里做起呢？

苏格拉底：去感谢那个抛弃你的人，为她祝福。

失恋者：为什么？

苏格拉底：因为她给了你份忠诚，给了你新的寻找幸福的机会。

苏格拉底成功开导了失恋者，他成功的秘密就是他的智慧。虽然，我们可能不具备苏格拉底式的智慧，可能无法像他那样，把问题看得那么透彻，能够最大可能地动用自己的理性与智慧开导别人，但我们至少应该管理好我们自己的情绪，约束我们冲动的情感，其效果都是会让我们事后倍感庆幸的。

值得一提的是，当我们的理智不足以制约我们的情感时，我们还可以借助长辈、朋友的智慧、建议，帮助我们摆脱情感的漩涡。

理智与情感，就像天生的一对冤家。当情感像漩涡，要将我们吞噬时，理智就是岸边伸来的救命索，抓住它，我们就能重回自由之岸。

压力是懈怠情绪的特效药

> 人总得常常强迫自己，不强迫就解决不了问题。
>
> ——摘自《傅雷家书·一九五五年十二月二十一日》

我们大多数人都不喜欢压力，其实，没有压力许多人会懈怠，例如，在每次大型考试过后，许多同学总会放松下来，不愿用功了，好像完成一次大型考试学习任务就完成了，上课也不认真听了，作业也一天交一天不交地应付了。这样下去，学习便会退步。其实，在一项重大任务或事情过后，每个人都或多或少会有自我放松的情绪出现，这是自然的，也是正常的。但是懈怠情绪不可经常出现，试想：一个经常无所事事，懒洋洋不愿进取的人，又怎会取得进步，获得成就？

一个理智的人不会让自己常处于懈怠状态，他会常常鞭策自己，用压力来刺激自己，一个明智的管理者或领导者，必须深谙这个道理，美国历史上最受人景仰的总统林肯正是一位深谙此道的领导人，所以他在用人时也懂得用适当的压力来刺激自己和下属，从而激发更大的能力。

1860年，林肯当选为美国总统。有一天，有位名叫巴恩的银行家到林肯的总统官邸拜访，正巧看见参议员萨蒙·蔡思从林肯的办公室走出来。于是，巴恩对林肯说："如果您要组阁的话，千万不要将此人选入您的内阁。"

林肯奇怪地问："为什么？"

巴恩说："因为他是个自大成性的家伙，他甚至认为他比您伟大得多。"

林肯笑了："哦，除了他以外，您还知道有谁认为自己比我伟大得多？"

"不知道，"巴恩答道，"不过，您为什么要这样问呢？"

林肯说："因为我想把他们全部选入我的内阁。"

事实证明，巴恩的话是有道理的。蔡思果然是个狂态十足、极其自大，而且妒忌心极重的家伙。他狂热地追求最高领导权，本想入主白宫，不料落败于林肯，只好退而求其次，想当国务卿。林肯却任命了西华德，无奈，只好坐第三把交椅——当了林肯政府的财政部部长。为此，蔡思一直怀恨在心，激愤不已。不过，这个家伙确实是个大能人，在财政预算与宏观调控方面很有一套。林肯一直十分器重他，并通过各种手段尽量减少与他的冲突。

后来，目睹过蔡思种种行为，而且搜集了很多资料的《纽约时报》主编亨利·雷蒙顿拜访林肯时，特地告诉他蔡思正在狂热地上蹿下跳，谋求总统职位。林肯以他一贯特有的幽默对雷蒙顿说："亨利，你不是在农村长大的吗？那你一定知道什么是马蝇了。有一次，我和我兄弟在肯塔基老家的农场里耕地。我吆马、他扶犁，偏偏那匹马很懒，老是磨洋工。但是，有一段时间它却在地里跑得飞快，我们差点都跟不上他。到了地头，我才发现，有一只很大的马蝇叮在它的身上，于是我把马蝇打落了。我的兄弟问我为什么要打掉它，我告诉他，不忍心让马被咬。我的兄弟却告诉我就是因为有那家伙，这匹马才跑得那么快。"然后，林肯意味深长地对雷蒙顿说："现在正好有一只名叫'总统欲'的马蝇叮着蔡思先生，那么，只要它能使蔡思那个部门不停地跑，我还不想打落它。"

我们应该向睿智的林肯总统学习，林肯总统本身就是一个自律性很强的人。还不忘给自己找一个对手刺激自己的积极情绪，让自己保持积极进取的劲头，这样就能不断挑战自我、挖掘潜力、激发创造性。那么，如果是一个自律性不强的人，就更应该学着每天给自己一点压力。这样才能不荒废光阴，同时也更加能感觉到生活的充实和快乐。

遇事冷静化险为夷

你考虑这许多细节的时候，必须心平气和，精神上很镇静，切勿烦躁，也切勿焦急。有问题终得想法解决，不要怕用脑筋。我历次给你写信，总是非常冷静、非常客观的。唯有冷静与客观，终能想出最好的办法。

——摘自《傅雷家书·一九五五年五月十一日》

冷静处世，是一个人素质的体现，也是睿智的反映。我们经常听到一句话："遇事要冷静，紧要关头只有冷静救得了你。"这是因为，在危急时刻，唯有冷静，我们的头脑才能保持清醒，我们的智慧才能得到自由发挥，最后经过努力，事情会朝着有利的方向发展。

这是一个在印度广为流传的故事，故事的发生地就在印度。一对英国夫妇在家中举办一次丰盛的宴会，地点设在他们宽敞的餐厅里，那儿铺着明亮的大理石地板，房顶吊着不加修饰的木质横梁，出口处是一扇通向走廊的玻璃门。客人中有当地的陆军军官，政府官员及其夫人，另外还有一名美国心理学家。

午餐中，一位年轻女士同一位上校进行了激烈的辩论。这位女士的观点是如今的妇女已经有所进步，不再像以前那样，一见到老鼠就从椅子上跳起来。可上校却认为妇女们没有什么改变，他说："无论遇到任何危险，妇女们总是一声尖叫，然后惊慌失措。而男人们碰到相同情形时，虽也有类似的感觉，但他们却能够适时地控制自己，冷静对待。可见，男士的这种素质是最重要的。"

那位心理学家没有加入这次辩论，他默默地坐在一旁，仔细观察着在座的每一位。这时，他发现女主人露出奇怪的表情，两眼直视前方，显得十分紧张。很快，她招手叫来身后的一位男仆，对其一番耳语。仆人的双眼露出惊恐之色，他很快离开了房间。

除了心理学家，没有其他客人注意到这一细节，当然也就没有其他人看到那位仆人把一碗牛奶放在门外的走廊上。

这位心理学家突然一惊。在印度，地上放一碗牛奶只代表着一个意思，即引诱一条蛇。也就是说，这间房子里肯定有一条毒蛇。他首先抬头看屋顶，那里是毒蛇经常出没的地方，可现在那儿光秃秃的，什么也没有，再看饭厅的四个角，前三个角都是空空如也，第四个角落也站满了仆人，正忙着上菜下菜，现在只剩下最后一个地方他还没看了，那就是坐满客人的餐桌下面。

心理学家的第一反应便是向后跳出去，同时警告其他人。但他转念一想，这样肯定就会惊动桌下的毒蛇，而受惊的毒蛇很容易咬人。于是他一动不动，迅速地向大家说了一段话，语气十分严肃，以至于大家都安静了下来。

"我想试一试在座诸位的控制力有多大。我从一数到三百，这会花去五分钟，这段时间里，所有的人都请闭上眼睛，谁都不能动一下，否则就罚他50个卢比。预备，开始！"

美国心理学家不急不忙地数着数，餐桌上的20个人，站在角落里的仆人，全都像雕像一样一动不动。当数到288时，他终于看见一条眼镜蛇向门外爬去。他飞快地跑过去，把通向走廊的门一下子关上。蛇被关在了外面，室内立即发出一片惊叫声。

"上校，事实证明了你的观点。"男主人这时感叹道，"正是一个男人，刚才给我们做出了从容镇定的榜样。"

"且慢！"心理学家说，然后转身朝向女主人，"温兹女士，你是怎么发现屋里有条蛇的呢？"

女主人脸上露出一抹浅浅的微笑，说："因为它从我的脚背上爬了过去。"

在那样危急的时刻，女主人和心理学家所表现出来的冷静和勇气值得我们尊敬。在生活中，每个人都可能遇到许多意外的事情。这时能冷静镇定地去应付一切，是难能可贵的。"静而后能安，安而后能虑，虑而后能得。"事实上，人在什么时候都应当沉着而不应感情用事。这不但是成功的秘诀，而且是战胜困难的最佳妙法。

冷静镇定，从容不迫的习惯不是一蹴而就的，没有哪个人一出生就具备这样的能力。但是，镇定从容的习惯是可以通过后天的培养训练而成的。

一，尽量在平时放松自己，如果平时就能把极小的事情处理得好，那一遇见大事就不怕了，平时多练习和注意到自己的心态，磨砺耐性是必要的，也是必须的。

二，生活中遇到所有事情，都想想，假如是我会怎样？是不是有更好的解决办法，后果是怎样的……多多锻炼自己，多多学习，用经验换成功，这样遇到这类事情就会有备无患，自然就会沉着冷静。

三，遇事慌张的时候，我们可以尝试下有意地放慢动作的节奏，越慢越好，并在心里说："不要慌！有什么好慌的呢？"动作和语言的暗示会使人慢慢镇静，大脑就会恢复正常的思考，以应付周围发生的事情。

及时清除"情绪垃圾"

老是有些思想的、意识的、感情的渣滓积在心里，久而久之，成为一个沉重的大包袱，慢慢的使你心理不健全，头脑不冷静，胸襟不开朗，创造更多的新烦恼的因素……老是瞻着自己，不正视现实，不正视自己的病根，而拖泥带水，不晴不雨的糊下去，只有给你精神上更大的害处。该拿出勇气来，彻底清算一下。

——摘自《傅雷家书·一九五五年十二月十一日夜》

生活中到处需要垃圾桶：办公桌下要有个废纸篓，厨房要有个装菜根烂叶的桶，就连电脑里也有个回收站，帮助我们及时处理各种看得见的垃圾，而看不见的情绪垃圾，却在我们的内心潜藏。如不及时清理，日积月累，慢慢地情绪垃圾就填满内心，并开始"捣鬼"，要么引起情绪大爆发，导致失控、崩溃、失眠、抑郁等，要么引发躯体生病，并引起一系列并发症。

蒋健是某公司的销售代表，他已经从事销售行业将近五年，业绩一直不错，可是前些日子，他的事业遇到了挫折，他将公司一项很重要的生意搞砸了。为此，老板狠狠训了他一顿，他心中感到不平，因为无论如何，他也为公司立下过汗马功劳。但为了这份还算不错的工作，他忍了下来。可是屋漏偏逢连夜雨，相处几年的女友又提出要和他分手，理由很简单，女友说和他在一起没有感觉了。蒋健实在无法理解这个蹩脚的理由，但也没办法，毕竟女友决心已下，似乎很难更改了。他感到很痛苦，面对工作和爱情的双重挫折，他的心情非常压抑，除了工作必需，平时他也不爱说话了，性情变得越来越孤僻。他觉得自己根本找不到办法宣泄，就开始逃避。平时工作上的事情，不表态，不提建议，进行消极对抗。烟酒不沾的他开始喝酒，业务上不求上进，喜欢回家看电视。他晚上失眠，情绪焦虑，胃口不好，他觉得自己各个方面的表现都糟透了，为此苦恼不堪。

其实，蒋健的最大问题，不是遭遇工作和感情的双重打击，而是在痛苦面前，他不懂得宣泄。这种糟糕的情绪一直停留在他体内，就像一堆化学物质堆积在他身体里，慢慢起着化学反应，生成有害物质。虽然从外表一下子看不出什么变化，但随着有害物质越积越多，这种情绪的危害就越来越明显——最后蒋健的性情大变，越来越抑郁，越来越孤僻。

所以，对于负面情绪，最关键的就是及时处理掉它。

给自己建立一个情绪垃圾桶，随时随地把煎熬、失望、恐惧、紧张、不满和嫉妒等装进去。该扔的扔掉了，我们的内心就干净、轻松了。

说到及时处理好自己的情绪垃圾，做起来并没有那么容易，也许你会问，有什么高招吗？

其实，把握好自己的情绪，首先要学会给自己减压，比如经常参加放松性的活动：听音乐、打球、喝茶、聊天等等，要以积极的方式寻求情绪的宣泄。这里要特别提醒大家：不要以单一的、消极的应对方式来处理负面情绪，比如昏睡、暴食、喝酒抽烟、上网成瘾等，不仅不能从根本上解决问题，反而会进一步损伤身心。

负面情绪要清除，最直接、最有效的办法就是大声地说出来。通常，我们可以找自己最信赖的亲人、朋友作为倾听者。但如果觉得在他们面前发泄会不好意思，或者觉得他们总是不理解我们的不愉快，那么也不妨找个陌生人作为倾听者，就像下面故事里的主人公那样。

张明山是一个中学老师，前几天他遇到了一件奇特而又有点可笑的事。那天晚上，他已经快睡着了，突然接到一个陌生妇女打来的电话，对方的第一句话就是"我恨透他了！""他是谁？"张明山奇怪地问。"他是我的丈夫！"张明山想，噢，她是打错电话了，就礼貌地告诉她："你打错电话了。"然而，这个女人好像没听见似的，继续说个不停："我一天到晚照顾孩子和生病的老人，他还以为我在家里享福。有时候，我想出去散散心，他都不让，而他自己天天晚上出去，说是有应酬，谁会相信……"尽管这中间张明山一再打断她的话，告诉她，他并不认识她，可她还是坚持把话说完了。最后，她对张明山说："您当然不认识我，可是这些话已被我压了很久，现在我终于说出来了，舒服多了。谢谢您，打扰您了。"

这并不是一个称得上"好"的治疗方法，但是值得肯定的是，故事中的妇女是一个懂得将痛苦、迷惑向人倾诉的人，是懂得倾倒心理垃圾、打扫心灵空间的人。当我们处于情绪的低谷时，不妨稍加借鉴，采取倾诉，甚至大哭一场等方式来赶走负面情绪，或者写日记、阅读、用精神胜利法等一系列心理疗法自我安慰。下面就是一种心理治疗法：

一位运动员受到教练的训斥后很沮丧，不久引发了胃病，药物治疗好长时间也不见效。心理学家建议他在训练中把球或器械当作教练的脸狠狠地打，采用此法后他的胃病果然好了起来。

心理疗法的"怪招"比比皆是，也许这并不符合正常、高尚的规范，但是这种不损害他人，又有利于排解不良情绪的自我宣泄法"怪招"，还是有其可借鉴之处的。不过这种宣泄方法应该运用合理，简单的打打砸砸、吼吼叫叫、迁怒于人、找替罪羊（父母、朋友、同事），或发牢骚、说怪话和风凉话等都是不可取的。

最后，我们还要学会"未雨绸缪"，为了及时了解自己的情绪、预防情绪失控，我们可以试着在平时的生活中培养自己良好的小习惯：如每天给自己留出一小段时间，清理一下思路，或者什么都不想，让脑子停下来，发发呆，把自己的感觉和情绪"握在手中"！

过去的就让它过去

既然一切都在变，不变就是停顿，停顿就是死亡，那末为什么老是恋念过去，自伤不已，把好好的眼前的光阴也毒害了呢？认识到世界是不断变化的，就该体会到人生亦是不断变化的，就该懂得生活应该是向前看，而不是往后看。这样，你的心胸不是廓然了吗？思想不是明朗了吗？态度不是积极了吗？

——摘自《傅雷家书·一九五五年十二月二十一日》

回忆是一种常见的心理现象，心理学上说，一个人适当地回忆是正常的，也是必要的，正常的回忆有一种寻找安静、维持心灵平和、返璞归真的积极功能。但是，如果一个人一味地沉湎于过去而否认现在和将来，就会陷入病态。

这种情况时常会发生在对自己的现状很不满意的人身上，因而过于沉溺在对过去的追忆中，当他一次又一次陷入过去的回忆中时，他便忽略了今天正在经历的体验。

小聪现在高二，高一有一个特别好的朋友，可以容忍她很多，也可以帮助她很多。后来高二文理分科，她们就分开了，一个学文，一个学理，教室和宿舍也不在一块了，慢慢就疏远了。那个好朋友又有了新同学、新朋友，加之进入高二学习任务更重了，空闲时间不多，她很少来找小聪了。

可小聪现在经常会怀念以前和那个朋友在一起的时光，甚至有时候听讲，她听着听着就被某一句话把思绪又拉回了过去。她也试着在新班里找朋友，可她觉得自己所在的新班没有人能像以前的朋友那般可爱，能像以前的朋友那般包容她帮助她。尤其是有心事和不开心的事想倾诉的时候，总会想到以前的朋友，她曾经尝试过向新朋友倾诉，但她感觉她们大都不太在意，也都不会开导她，这反而更让她觉得以前朋友的好，所以现在和新班同学很疏远，她经常会感到失落和寂寞空虚。校园里充满她以前的回忆，每次经过和那个旧朋友到过的地方，或者和朋友聊起和旧朋友聊过的事，她就会立刻变得特别伤感。

这种情绪已经开始影响她的学习了，可她很难控制自己不去想。一旦被勾起了对往事的回忆，即使是在听讲和写作业时都会走神，现在的她整天闷闷不乐。

小聪之所以变成今天的状态，其实是由于她逃避现实、没有信心进取的心理造成的。她把过多的时间放在怀旧上，这只会阻碍她自身的发展、影响她的正常生活。只要她真正把心掏给新朋友，耐心地对待身边的人，多一点主动、多一点热心，就能获得新的友谊。而新朋友不愿意听她倾诉主要是因为一般人们总是喜欢听一些愉悦的事，对不快的事会排斥造成的。至于对待过去那份美好的记忆、情感应该放在自己的心里，让它成为自己前进的动力。

我们知道像小聪一样一味地沉湎于过去美好的回忆而否认现在和将来是病态的。同样，还有一类人却因为懊恼、悔恨而总是陷入一段过去糟糕的往事中无法自拔，这也是一种病态。

一个夏天的下午，在纽约的一家中国餐厅里，奥里森·科尔在等待着，他感到沮丧而消沉。由于他在工作中有几个地方出现错误，使他没有做成一个相当重要的项目。即使在等待见他一位最珍视的朋友时，也不能像平时一样感到快乐。他的朋友终于从街那边走过来了，他是一名了不起的医生。医生的诊所就在附近，科尔知道那天他刚刚和最后一名病人谈完了话。

"怎么样，年轻人，"医生不加寒暄就说，"什么事让你不痛快？"对医生这种洞察心事的本领，科尔早就不意外了，因此他就直截了当地告诉医生使自己烦恼的事情。然后，医生说："来吧，到我的诊所去。我要看看你的反应。"

医生从一个硬纸盒里拿出一卷录音带，塞进录音机里。"在这卷录音带上，"他说，"一共有3个来看我的人所说的话。当然没有必要说出来他们的名字。我要你注意听他们的话，看看你能不能挑出支配了这3个案例的共同因素，只有4个字。"他微笑了一下。

在科尔听起来，录音带上这3个声音共有的特点是不快活。第一个是男人的声音，显示他遭到了某种生意上的损失或失败。第二个是女人的声音，说她因为照顾寡母的责任感，以至于一直没能结婚，她心酸地述说她错过了很多结婚的机会。第三个是一位母亲，因为她十几岁的儿子和警察有了冲突，她一直在责备自己。

在3个声音中，科尔听到他们一共6次用到4个字，"如果，只要"。医生说："你知道我坐在这张椅子里，听到成千上万用这几个字作开头的内疚的话。他们不停地说，直到我要他们停下来。有的时候我会要他们听刚才你听的录音带，我对他们说：'如果，只要你不再说如果、只要，我们或许就能把问题解决掉！'"医生伸伸他的腿，"用'如果，只要'这4个字的问题，"他说，"是因为这几个字不能改变既成的事实，却使我们面朝着错误的方面，向后退而不是向前进，并且只是浪费时间。最后，如果你用这几个字成了习惯，那这几个字就很可能变成阻碍你成功的真正的障碍，成为你不再去努力的借口。"

"现在就拿你自己的例子来说吧。你的计划没有成功，为什么？因为你犯了一些错误。那有什么关系！每个人都会犯错误，错误能让我们学到教训。但是在你告诉我你犯了错误，而为这个遗憾、为那个懊悔的时候，你并没有从这些错误中学到什么。"

"你怎么知道？"科尔带着一点为自己辩护的语气说。

"因为，"医生说，"你没有脱离过去式，你没有一句话提到未来。从某些方面来说，你十分诚实，你内心里还以此为乐。我们每个人都有一点不太好的毛病，喜欢一再讨论过去的错误。因为不论怎么说，在叙述过去的灾难或挫折的时候，你还是主要角色，你还是整个事情的中心人……"

在医生的开导下，科尔终于意识到，自己沉浸在过去错失的阴影中，还没有真正走出自我，也并没有用积极上进的态度去改变现在的处境。医生告诉科尔，他患上了严重的"怀旧病"，而采用"如果，只要"这类字眼是"怀旧"病的重要特征。

我们都难免会犯错误，但是如果抓着这个错误的过去而牢牢不放，不断懊悔自责，那么不仅让自己痛苦，而且也于事无补，挽回不了什么，也改变不了什么。不要为了打翻的牛奶而懊恼悔恨，因为那已经"覆水难收"！亡羊补牢，犹未晚矣。如果我们在发现"羊"丢了之后，只是一味地伤心悔恨，而没有采取挽救措施，那么等待我们的将是继续的"丢失"。这种丢失不仅仅是指"羊"，它更有可能是我们自己——对当下生活的享受，对美好未来的追求，对自身成长的不断肯定……当一个人失去这一切时，你能想象出他有多么可悲吗？为了避免这样的事情发生在我们自己身上，我们应该做的是：辩证地分析其中的得失，从中吸取经验和教训，然后就彻底地忘记它，因为记住它再也没有意义了。

我们要试着走出过去的回忆，不管它是悲还是喜，不能让回忆干扰我们今天的生活。我们应该把广阔的心灵空间留给现在，留给此时此刻。

别让你的思念过了度

十二日信上所写的是你在国外的第一个低潮。这些味道我都尝过。孩子，耐着性子，消沉的时间，无论谁都不时要遇到，但很快会过去的。游子思乡的味道你以后常常会有呢。

——摘自《傅雷家书·一九五四年九月二十一日晨》

可是关于感情问题，我还是要郑重告诫。无论如何要克制，以前途为重，以健康为重。

——摘自《傅雷家书·一九五四年七月四日晨》

傅雷教导远在国外学习的儿子傅聪想家时怎样排遣情绪，以及对于初恋的那段感情应该理智，不能思念过度。大家都听过"相思成疾""相思成灾"的说法，这是说，思念过度对人的身心健康会有极大的伤害！相思影响心情的话，就会吃不下饭、喝不下水、睡不着觉，这样子下去当然会损害身体健康，影响学习和生活。

小明小学毕业时以优异成绩考入省重点学校，但因家距离学校很远，所以按规定必须住校。他是个不折不扣恋家的孩子，一个学期过去了，恋家的情绪始终没有得到很好的控制，每天给妈妈打5、6个电话，每周到校基本都要哭，一直想转回老家，思恋父母情结严重。他在学校时，非常想家，想家里的亲人，同时也想家里的鸡鸭鹅狗猫以及院里的花草树木，甚至想西屋花盆里不管不顾长出来的一撮毛茸茸的草团。上课时他总是分神，晚上睡不好，想家里人想到偷偷地抹眼泪，好不容易睡着了，一做梦就回家了，醒来后又是以泪洗面。长此以往，就造成他白天上课时没精神，这已在很大程度上影响了他的学习。在学校的时候，他几乎总是闷闷不乐，在同学和老师看来，他是一个性格内向的男孩子，不愿意与同学交往。后来，他甚至有了厌学乃至退学的念头。

结果是，小明因为始终不能克服恋家情结，身体变差了，因而不得不放弃好不容易考上的重点中学，转入离家较近的一所普通中学就读。其实事情并没有因此得到解决，他今后总要长大，总有需要离开家的时候，那时候又该怎么办呢？我国民间就有"太恋家的孩子没出息""好儿女志在四方"的说法，所以看来，太恋家会导致胸无大志、目光短浅、前途受阻而难有作为。

思念的对象不仅有亲人，还有朋友、恋人，过度的思念不仅损害身体，还会导致精神失常和抑郁症等心理疾病，甚至导致人的死亡。

北宋哲宗绍圣年间，刚正不阿、直言敢谏的苏轼被贬到今广东省惠州市的白鹤峰，他买田地数亩，盖草屋几间。白天，他在草屋旁开荒种田；晚上，就在油灯下读书或吟诗造句。

每当夜幕降临之时，便有一位妙龄女子悄悄来到苏轼窗前，偷听他吟诗作赋，常常站到更深夜静，露水打湿鞋袜。苏轼很快发现了这位不速之客，一天晚上，正当少女偷偷到来之时，苏轼轻轻推开窗户，想和她交谈。谁知，窗子一开，少女像一只受惊的小鸟，撒腿便跑，消失在夜幕之中。

白鹤峰一带没有几户人家，没多久苏轼便了解到这位少女是此地温都监的女儿，名叫超超，年方二八，生得清雅俊秀，知书达理，尤爱苏学士的诗歌词赋，常常手不释卷、如醉如痴。她打定主意，非苏学士这样的才子不嫁。自从苏轼被贬至惠州之后，她一直寻找机会与苏学士见面。因此便借着夜幕的掩护，不顾风冷霜凄，站在窗外听苏学士吟诗，在她看来，这是莫大的享受。

苏轼十分感动，他暗想："我苏轼何德何能，让才女如此青睐。"他打定主意，要成全这位才貌双全的都监之女。苏轼认识一位王姓读书人，生得风流倜傥，饱读诗书，抱负不凡。苏轼便为两人牵了红线。温都监父女都非常高兴。从此，温超超闭门读书，或者做做女红针线，静候佳音。

谁知，祸从天降。正当苏轼一家人在惠州初步安顿下来时，哲宗又下圣旨，再贬苏轼为琼州别驾昌化军安置。琼州远在海南，"冬无炭，夏无寒泉"，是一块荒僻的不毛之地。衙役们催得急，苏轼只得把家属留在惠州，只身带着幼子苏过动身赴琼州。全家人送到江边，洒泪而别。苏轼想到自己这一去生还的机会极小，也不禁悲从中来。

苏轼突然被贬海南，对温超超简直是晴天霹雳。她觉得自己不仅错失了一门好姻缘，还永远失去了与苏学士往来的机会。从此她变得痴痴呆呆、郁郁寡欢，常常一个人跑到苏学士住过的旧屋前一站就是半天。渐渐地，连寝食都废了，终于一病不起。临终时，她还让家人去白鹤峰看看苏学士回来没有，最终带着无限的遗憾离开了这个世界。

美丽的才女超超陷入思念的泥淖，最终抑郁而终，我们不能让这样的悲剧在自己的生活中、在自己的身上重演。如果我们不小心也陷入思念的泥沼时，千万不要总是独处，因为自己的思念情绪，有时候会转化为一种强迫自己思念的不良情绪，如果多多跟朋友在一起，说说心事，开怀玩耍，就会分散自己的注意力。总之，切记不要钻入牛角尖，切忌陷入思维定式，要学一点"没心没肺"，给点阳光就灿烂。我们在学习阶段，最重要的是要在心中怀有高远的目标，一个努力学习的人，他便会像鲁迅所说的那样——"除了爱，生命还应有所附丽"，他才不会被感情牵绊住。

关键时刻学会放松自己

你的比赛问题固然是重负，但无论如何要作一番思想准备。只要尽量以得失置之度外，就能心平气和，精神肉体完全放松，只有如此才能希望有好成绩。

——摘自《傅雷家书·一九五四年十月二十二日晨》

在日常生活中，我们都曾或多或少地感觉到紧张情绪，过度的紧张是种不良情绪，它会让我们处于不安之中，影响我们正常的思考，会导致我们在关键时刻发挥失常，以致无法做好任何事情。何雨就是一个典型的例子

何雨是家里的独生子。由于历史的原因，父亲个人的理想成了泡影，便将全部的期望都寄托在何雨的身上。他在父亲的灌输下形成的强烈的"出人头地"意识与其一般的智力和责任心形成了巨大的反差。

高考前，黑板上每天变化的高考日期倒计时和随时变化着的同学们的考试成绩一览表，加上父亲那企盼的目光，给何雨造成了巨大的心理压力。他出现食欲下降、恶心、心慌、心悸、惶惶不可终日的连锁反应。高考如约而至，答题过程中何雨突然心中一阵慌乱，脑中一片空白。他努力压抑着紧张情绪，可越压抑，心理越紧张，结果，他落榜了。面对这沉重的打击，他长时间不能从失望、痛苦和无助的情绪中解脱出来。

当他第二次面对高考时，他变得更加紧张恐惧。由于紧张感达到了极点，他甚至想放弃第二次高考。可是在第一门考试时，考场出现了异常，在一时混乱的气氛中，何雨心中那巨大的紧张感竟然消失了，第一门考试发挥出了较好

的水平，但从第二门考试开始，那种紧张感又袭上心头，从而影响了以下几门考试的成绩，因而，他勉强考取了一所高等专科学校。但事情远远没有终结，在他几年的大学学习中和走向社会后，只要面对考试，紧张不安的情绪便会出现。

故事告诉我们，何雨的过度紧张导致了他高考的失败以及以后人生中接二连三的考试失败。其实，任何一场考试都不可能决定一个人的人生。何况，考试只不过是对平时学习的一次检测，考题的形式和平时的训练不会有太大差别。只要平时学习认真努力了，根本没必要太担心考试结果。

不仅是应对考试，我们做任何事情都应学会放松自己的心情，时时保持一种轻松的状态，这样，我们做任何事情都会得心应手。球王贝利就是一个最好的证明。

球王贝利刚刚入选巴西最著名的球队——桑托斯足球队时，曾经因为过度紧张而一夜未眠。他翻来覆去地想着："那些著名球星们会笑话我吗？万一发生那样尴尬的情形，我有脸回来见家人和朋友吗？"一种前所未有的怀疑和恐惧使贝利寝食不安。虽然自己是同龄人中的佼佼者，但烦恼使他情愿沉浸于想象，也不敢真正迈进渴求已久的现实。

最后，贝利终于身不由己地来到了桑托斯足球队，那种紧张和恐惧的心情，简直没法形容。正式练球开始时，他已吓得几乎快要瘫痪。他就是这样走进一支著名球队的。他原以为刚进球队只不过练练带球、传球什么的，然后便肯定会当板凳队员。

哪知第一次，教练就让他上场，还让他踢主力中锋。紧张的贝利半天没回过神来，双腿像长在别人身上似的，每次球滚到他身边，他都好像看见别人的拳头向他击来。在这样的情况下，他几乎是被硬逼着上场的。但当他迈开双腿，不顾一切地在场上奔跑起来时，他渐渐忘了是跟谁在踢球，甚至连自己的存在也忘了，只是习惯性地接球、盘球和传球。在快要结束训练时，他已经忘了桑托斯球队，而以为又是在故乡的球场上练球了。

　　如果贝利一开始就能够相信自己，专心踢球，而不是无端地猜测和担心，就不必承受那么多的精神压力了。但值得欣慰的是，最终他还是战胜了紧张，让紧张情绪迅速过去，重新找回了自己。

　　正如我们所知，乔丹就是一个无论场上、场下心理素质都极其出色的选手。赛前，他总是极为放松。在运动员休息室里，人们最常见的一个场面就是乔丹头戴耳机，惬意地躺在长椅上，欣赏音乐。要不就是纹丝不动地坐着，平静内心的起伏，争取把精神状态高度集中。在比赛中间，乔丹显得十分冷静，因为他知道只有冷静才能最大限度地观察情况、发挥水平，最大的爆发力来自最深沉的冷静。正因为放松，才造就了一位篮球场上的"天王"巨星。

　　读了以上的故事，我们还要知道临场不惧的本领也是需要做些场下功夫的。

　　首先，我们可以将具体情况分析一下，例如：面临的这个问题难道真的是我生活中非常重要的问题？它们会产生哪些后果令自己惊惧？如果事情真的发生了，我还可以怎样做？即使失败了，我在这个过程中怎样做还会有些收获？……这些思考有助于我们将紧张减少到最低程度，使我们的情绪能够平和、冷静下来，应付所面临的难题。

　　其次，我们可以试着把内心忧虑的事用笔全部记录下来，然后逐条检查，把不是很急切的事抽出来，先考虑解决比较急迫的事，接着再慢慢地想办法解决其他的问题。这样，不仅可以缓解紧张情绪，还能有条不紊地理清难题的主次，使事情更好地解决。

　　最后，就是转移紧张情绪要讲求方式、方法。比如乔丹在赛前听音乐，棒球名将康黎·马克在赛前睡觉等等。每个人都有适合自己的方式。

第五章 以礼待人，提升魅力

YILI-DAIREN TISHENG MEILI

你及时说"谢谢"了吗

你并非是一个不知感恩的人，但你很少向人表达谢意。朋友对我们的帮助、照应与爱护，不必一定要报以物质，而往往只需写几封亲切的信，使他们快乐，觉得人生充满温暖。既然如此，为什么要以没有时间为推搪而不声不响呢？

——摘自《傅雷家书·一九六〇年十二月三十一日》

日本的松下幸之助说："因为有了感谢之心，才能引发惜物及谦虚之心，使生活充满欢乐，心理保持平衡，在待人接物时自然能免去许多无谓的对抗与争执。"懂得感谢是一种美德。及时感谢他人是一种礼貌，是感恩的真诚表现。

依琳娜、莎拉和德鲁小的时候，每当他们要向人家致谢，就口述感谢词句，由他们的母亲贝德福德执笔。但是到孩子长大一些，有能力自己写谢柬了，他们却必须三催四请才肯动笔。

贝德福德会问："你写信给爷爷，谢谢他送你那本书没有？"或问："陶乐思阿姨送了你那件毛线衫，你可向她道谢？"他们的回应总是含糊其辞，或耸耸肩膀。

有一年，贝德福德在圣诞节过后催促了几天，儿女们竟一直毫无反应，她大为气恼，便宣布："在谢柬写妥投寄之前，谁也不准玩新玩具或穿新衣。"

但他们依旧拖延，还出言抱怨。

贝德福德忽然灵机一动，说："大家上车。"

"要去哪里？"莎拉问，觉得好奇怪。

"去买圣诞礼物。"

"圣诞节已经过去了。"她反驳。

"不要啰嗦。"贝德福德斩钉截铁地说。

待孩子都上了车，贝德福德说："我要让你们知道，人家为了送你们礼物，要花多少时间。"

贝德福德对德鲁说："麻烦你记下我们离家的时间和到达的时间。"

来到镇里，德鲁记下抵达的时间。三个孩子随贝德福德走进一家商店。帮她选购礼物送给她的姊妹。然后他们回家。

三个孩子一下车便向雪橇走过去。贝德福德说："不许玩，还要包礼物。"孩子们垂头丧气地回到屋里。

"德鲁，记下到家的时间没有？"

德鲁点点头。

"好，请你记录包礼物的时间。"

孩子们包礼物时，贝德福德替他们冲泡可可。终于，最后一个蝶形结也系好了。

"一共花了多少时间？"贝德福德问德鲁。

他说："到镇上去用了28分钟，买礼物花了15分钟。回家用了38分钟。"

"包这几个盒子用了多少时间？"依琳娜问。

"你们俩都是两分钟包一个。"德鲁说。

"把礼物拿去邮寄，要花多少时间？"贝德福德问。德鲁计算了一下。答道："一来一去56分钟，加上在邮局排队的时间，要71分钟。"

"那么，送别人一件礼物总共花多少时间？"

德鲁又计算了一阵，说："2小时34分钟。"

贝德福德在每个孩子的可可杯旁放一页信纸、一个信封和一支笔。

"现在请写谢柬。写明礼物是什么，说已经拿来用了，用得很开心。"

他们三人这次非常配合，先是埋头构思，接着响起了笔尖在纸面上的声音。

"花了我们三分钟。"德鲁一面说一面把信封封好。

"人家选购一件情意浓厚的礼物，然后邮寄给你，所花时间也许超过两个半小时，我要你们花三分钟时间道谢，这难道是过分要求吗？"贝德福德问。

三个人低头望着桌面，摇摇头。

"你们最好现在就养成这习惯。早晚你们要为很多事情写谢柬的，及时道谢是一种礼貌。"

这个故事告诉我们，每一份礼物，每一份关心都凝结了关爱我们的人不少时间和精力，我们应该懂得，对方为我们的付出是不容易的，我们应该感谢并且及时表达。感谢如果不能及时说出来，就会令关爱我们、帮助我们的人失望。下面的小故事会让我们更加明白及时致谢的重要性。

利民排了半夜的队，终于为张宽买到了回家的车票。张宽赶到约会地点，从利民手中接过车票，兴奋地大叫"开心"，然后把车票钱交给利民，道声"再见"后就乐滋滋地走了，连一句"谢谢"也没有。利民此时觉得自己像一个送票上门而未受到礼遇的服务生，心里充满了熬夜的辛酸和被忽视的失望。张宽回到家才想起向利民道谢，于是打电话给利民，电话里，利民的声音很缺乏热情，带着爱理不理的情绪。因为张宽错过了利民最想听"谢谢"的时刻，迟到的感谢，效果必然打折。

看到这里，你应该已经明白及时致谢多么重要，你还能让它迟到吗？这些情况下请记得及时说"谢谢"：别人帮你找回物品时，别人为你让路、让座、传递物品时，别人请你吃饭、旅游、提供住所时，别人为你介绍新朋友时，别人送你礼物、向你道贺、给你赞美、给你安慰时，别人借给你东西或为你解答问题时，别人等待你时，服务人员为你提供优质的服务时。

致谢也要恰到好处

> 人家说你好的时候，你不妨先写上"承蒙他们缪许""承他们夸奖"之类的话。李是团体的负责人，你每隔一个月或一个半月都应该写信；信末还应该附一笔，"请代向周团长致敬"。这是你的责任，且不能马虎。信不妨写得简略，但要多报告一些事实（这是团体需要的），切不可二三个月不写信，你不能忘了团体对你的好意与帮助。青年人最容易给人一个"忘恩负义"的印象。其实他的眼睛望着前面，饥渴一般的忙着吸收新东西，并不一定是"忘恩负义"；但懂得这心理的人很少；你千万不要让人误会。
>
> ——摘自《傅雷家书·一九五四年八月十一日午前》

致谢能让对方体会到付出的快乐和帮助他人的幸福感。一句话可以表达谢意，一张卡片也能表达谢意，一件独特的礼物、一个巨大的进步，甚至一个微笑、一个拥抱，都是致谢的方式。对方是什么身份？什么年纪？什么爱好？什么脾气？甚至对方的文化水平和经济状况，你都应该大致了解，致谢时才不至于失礼。

林静刚到一个广告公司上班，对业务不是很熟悉，别人已经联系到许多有合作意向的客户了，她还不知道从哪里找呢。老员工李振告诉她一个网站说："你可以去那里碰碰运气。"林静没有从这个网站里找到有用的信息，却意外地从该网站的友情链接上找到其他网站，继而找到了相关信息。林静顺利地联系到了几个客户。知道李振很喜欢喝茶，林静就请了李振去了一个环境很幽雅的茶楼，以示感谢。李振说："我并没有直接给你带来客户啊，你不用谢我，你应该夸奖自己搜索信息的能力才对啊！"林静说："如果不是你提供了线索，我怎么可能那么快就找到客户呢？"李振愉快地接受了邀请，并给林静传授了很多业务知识，两人后来成了很好的朋友。

如果对方给你帮了点小忙，你却因此办成了大事，一定要告诉对方你的收获并表达谢意，以后对方也一定更愿意帮助你；如果对方为你付出很多，你得到的也很多，那么道谢一定要郑重其事；如果对方为你做出了很多努力，却没有起到多大的作用，这种情况下也要真诚地致谢，因为这么努力为你的人是你应该珍惜、应该感恩的。

即使对方并不要求你的回报，你的诚恳的致谢也会让他很开心和充满成就感。

如果语言还不足以表达心中的谢意时，那就采取适当的行动，不过，采取行动时要选择合适的场合、时机、方式。既能让对方欣然接受，又不会引起误会的方式，才是恰到好处的方式。如果对方是你的同龄人或者同学、朋友，那么也可以在了解他/她需要什么的情况下，给予对方所需要的并且自己又能提供的东西来致谢，或是在他/她需要你帮忙的时候，一定要伸出自己的温暖之手。如果对方是你的师长，他喜欢的回报，多半是你的进步，那就努力学习，不辜负师长的期望。下面的例子就讲述了一个恰到好处地表达了谢意的行为。

黎明是一个出租车司机，一天深夜在路边看到一个迷路的小男孩，就把他送回了家，并且执意不收任何费用。黎明没有留下自己的姓名，但小男孩却记住了黎明的车牌号和所在的公司，于是很快查明了这位好心人的姓名。第二天，黎明意外地听到小男孩一家人为他点播的歌曲。主持人用甜美的声音念小男孩的留言："可敬的出租车司机黎明叔叔：您好，我是昨天晚上被您送回家的那个男孩，谢谢您帮助我，我代表爸爸妈妈和爷爷奶奶为您送上歌曲，希望您健康、顺利、愉快！好叔叔，欢迎您有时间来我们家做客，我们全家再次谢谢您！"因为主持人念出了黎明的车牌号，就相当于为他做了免费广告。这个动人的留言让黎明一连几天的心情都特别好，不觉间，他对顾客的态度也更加礼貌周到了。几天下来，他还接到了不少回头生意。

从这个故事中我们看到，一个精心策划的行动会让致谢显得格外真挚。生活中，我们赠送一份投合对方心意的礼物，是一种真挚的致谢方式，我们可根据对方的喜好等个人情况挑选礼物送给对方。比如送爱阅读的朋友一本他没读过的好书，送爱音乐的人一张唱片等等。

致谢要恰到好处，还应掌握分寸，过于轻描淡写的致谢和大张旗鼓的致谢都有失分寸。例如，别人辛辛苦苦帮你搬了一大堆东西，你却随口一句"谢谢"就打发了，未免让人觉得你不懂感恩。别人只是帮你传了份文件，你一定要送对方一份贵重礼物，会让人觉得你莫名其妙。所以，有分寸地致谢才能让对方欣然接受，又不会引起误会。

致谢是一种积极的情感交流，这意味着你认同对方、欣赏对方。致谢的同时，也等于是为双方以后的交往打下了基础。即使今后双方不联系，得体的致谢也会给双方留下美好的回忆。

做个说话受欢迎的人

说到骄傲，我细细分析之下，觉得你对人不够圆通固然是一个原因，人家见了你有自卑感也是一个原因；而你有时说话太直更是一个主要原因。例如你初见恩德，听了她弹琴，你说她简直不知所云。这说话方式当然有问题。倘能细细分析她的毛病，而不先用大帽子当头一压，听的人不是更好受些吗？有一夜快十点多了，你还要练琴，她劝你明天再练；你回答说：像你那样，我还会有成绩吗？对付人家的好意，用反批评的办法，自然不行。

——摘自《傅雷家书·一九五六年十月十一日》

　　说话得体，让听者悦纳的人，往往能给人良好的印象，更受人欢迎。说话是一门学问，也是一门艺术。说一句好话，人家听了高兴，就像菩萨的甘露水滴到心里一样清凉；说不好的话，叫人听了不高兴，就像利刃刺进心一样痛。有人因为会表达而受欢迎，有人则因为表达方式不当而在人际交往中吃亏。

　　很久以前，在一个村庄里有一个远近闻名的财主。他从不思考自己所说的话，为此得罪了不少人。

　　有一天，这个财主设宴请客。桌上摆满了鸡鸭鱼肉、山珍海味。客人来了不少，可能是他希望来的几位客人还没有到，于是他非常失望，就不加思索，自言自语道："该来的怎么还不来呢？"客人们一听，心里凉了一大截："什么叫该来的没来，难道我们是不该来的吗？"。一半的客人坐不住了，于是他们连饭都没有吃就走了。财主一看，这么多人不辞而别心里十分着急，又随口说道："哎呀，不该走的倒走了！"剩下的人听了，心里十分生气"'不该走的走了'。这么说来，我们这些该走的反而赖在这儿了？"于是，又有好几个客人不辞而别。这下可没剩下几个客人了，财主一看更着急了："这！这！我说的不是他们啊！"最后的几个客人听到主人这么说也坐不住了，"'不是说他们'，那当然是说我们了！"于是，他们也气冲冲地打道回府了。

结果，宾客全都走光了，只剩下财主一人站在那儿干着急。财主无意间气走了所有的客人。全都是不会说话惹的祸呀！

财主请客，本来是结善缘的，然而，因他一再说出不该说的话，缘没结到，反结了怨。这些客人愤愤不平地说，就算是山珍海味，以后只要是这主人请客，绝对不来。可见怎样说话是非常重要的，怎么制造令人愉快的谈话真是一门耐人捉摸的学问。

说话与沟通最重要的是：注意对方感受，莫要强势。不注意对方感受，不自觉流露出优越感，自我中心地过问别人的事，都是强势沟通，言者头头是道，听者老觉得拳头不断挥过来，像是攻击。杂志上曾有过一段文字——描述和说话强势的人在一起的不愉快感受，相当真切。

有一个人在家中办聚会，要朋友阿四帮她联络阿品。个性向来比较"固执"的阿品问："还有什么人呀？"阿四将名单口述了一遍。他沉默了半晌说："啊，那我还是不要去好了。""怎样？谁犯着你了？"他吞吞吐吐，才说出一个名字。"你不要以为我跟她有过节……我没有跟她过不去。只是根据我以往的经验，有她在的时候，我都觉得很不好玩……她太强势了。""哈哈，再强势有我强势吗？你并不怕我呀。"阿四说。"不一样，"阿品又想了想，慢条斯理地说，"你是很坚强，你的强势是对自己要做的事很坚持，很有主见，别人动摇不了你的意见，你的强势和我无关；她的强势是对别人很强势，很爱管闲事。一看到我，可能会问我为什么又和女朋友分手了？为什么不结婚？总是这样……让我下不来台。"

阿四笑了。他讲得蛮有道理，朋友们都有点怕那人。看到她，朋友们都像进了训导处的小学生。她对于别人家的事情都要强势过问，讲话语气也很强势，口头禅是"你错了""我跟你说"，一根食指老是戳着对方，总想教导别人什么，不管别人是不是赞同她的看法、想不想听。应该说，她总是采取强势沟通。过去阿四也曾有不愉快的经历。她一碰到阿四，就开始训话，先陈述许多她听来的消息，"听我进一言……我告诉你，你应该要更上一层楼才对……"各种建议倾巢而出，包括建议阿四写一本批评世态乱象的书和一本有关女性如何对抗家暴的书，以端正社会风气云云。阿四连忙道谢，找借口说要上厕所以避开她。

阿品说："我曾经看过一句话：强势沟通是一种攻击。我听她说话，老觉得自己被攻击。"

我们也有体会，在日常交往中，说话强势的人确实不受人欢迎。感叹自己心地好却没多少朋友的人，说话模式大概都有很多问题。所以，多多反省自己，改善自己的言行，如此才能与身边的人融洽相处。以下的几种说话模式可供大家在日常生活中学习和借鉴：

例如："是我拉他来的"如果说成"是我请他来的"是不是会好些？"这是我管的"如果说成"这是我负责的"是不是让人舒服些？"你听我的"如果说成"我们来沟通一下"是不是会使人更愿意接受？"你可别后悔"为什么不说成"你不再考虑吗"？"你要给我小心"试着说成"你还是谨慎点好"效果是否也会好些？

温和的表情提升个人魅力

出台行礼或谢幕，面部表情要温和，切勿像过去那样太严肃。这与群众情绪大有关系，应及时注意。只要不急，心里放平静些，表情自然会和缓。

——摘自《傅雷家书·一九五四年八月十六日》

傅雷教导儿子出台或谢幕时应注意自己的表情，其实，在日常生活中，我们与人交往时同样应注意表情的自然和温和。

表情自然而温和的人会给人亲善的感觉，这样的人人缘往往很好，同时还会给人真诚自信的感觉。注意自己的表情最重要的是要注意自己的目光，让自己的目光亲善和气。有一句名言"相由心生"。一个具有亲善目光的人，表情自然的人，人们自然觉得此人心地善良，因而令人心生好感，这将大大增加他的个人魅力。

小雨去另一个城市看望两年不见的姑姑，刚进门时，感觉有些陌生，因此稍微有点不知所措。但是当姑姑接过她的背包，亲热地拉她在沙发上坐下，用亲切的目光注视她的眼睛，热情而爱怜地打量她周身上下时，小雨一下子放松了。她也亲切地注视姑姑的眼睛，从那充满关切的眼睛里感到了熟悉的亲情。两人很开心地聊起了老家的事情。

故事中的小雨和姑姑亲切的目光，热情的表情一下子拉近了两人之间的距离，让人感到真情的温暖。

总之，人们总是喜欢真诚的、热情的、友好的、关切的、自信的目光。下面就是一个真实的例子：

刘心平老师是某大学著名的教授，受到众多学子的追捧，很多外校的学生，甚至外地的学者都慕名而来聆听她的精彩演讲。一个刘心平教授的得意门生，如今已经是媒体名人，谈到给过自己很多帮助的刘老师，总是从眼神中流露出由衷的敬仰。他说："刘老师最让我难忘的是她的目光。她看你时，目光柔和，充满智慧，真诚而坦然，眼神直射入你的心底，让你觉得不听她讲课就是一种损失。好多次我走神时无意间撞上刘老师的目光，马上就感到惭愧，赶快收回心思专心听课。现在想想，如果不是大学4年受到了刘老师目光的鞭策，恐怕我现在还是个很平庸的人，走不到今天呢！"

刘老师的眼睛会说话，她的魅力来自柔和、真诚而充满鼓舞的眼神。目光、表情如此重要，你是否注意到了呢？

怎样才能做个目光亲善、表情自然温和的人呢？

首先，我们要让自己的心中充满热情，能欣赏到这个世界的美好，能看到许多人的可爱之处，一个心中有爱的人自然能用审美、乐观的心态看待世界，内心的阳光也会自然洋溢于言表。

其次，有意识地训练自己微笑的表情，亲切善良的目光，可以对着镜子练习，观察自己看到赏心悦目的东西时的表情，记住自己这一时刻的表情并加以练习。

第三，经常进行快乐的回忆，多想积极的事情，将自己维持在愉快轻松的状态。让自己的表情自然地流露出内心的真、善、美。

此外，我们还应该意识到哪些目光和表情不受人欢迎：与人对视时，表情木然或者冷漠，眼睛里没有笑意或打招呼的意思；打招呼或者与人说话时，不看一下对方的眼睛；斜视或突然盯着人家看；注视别人的伤疤或衣服上的破洞等等。

优美的站姿给形象加分

> 对客气的人，或是师长，或是老年人，说话时手要垂直，人要立直。你这种规矩成了习惯，一辈子都有好处。
>
> ——摘自《傅雷家书·一九五四年八月十六日》

优美的站姿是一种静态美，是培养优美仪态的起点，是发展不同质感动态美的基础。世界著名的形象设计师英格丽·张，多次在礼仪课程上引用美国作家威廉姆·丹福斯的话说："我相信一个站立很直的人的思想也是同样正直的。"站姿如此重要，你是否注意到了呢？

人们在描述一个人生机勃勃、充满活力的时候，经常使用"身姿挺拔"这种词语。心理学家发现，站得直的人通常给人自信的感觉，而且本人也确实比较自信。从而，人们甚至可以从一个人站得是否笔直来判断他的人品是否正直。

刘源与一位企业老总林海生合作谈生意。两人约定在刘源的公司见面。刘源一见到林海生，就被他稳重而气宇轩昂的风度折服了，林海生挺拔的身姿让刘源认定这单生意一定能成，因为直觉告诉他：林海生是个讲信誉的人。交谈之后，刘源更坚定了自己的看法。同样，林海生眼中的刘源也很有魄力，身材虽然不高大，却站得很直，让人觉得他心胸开阔、正直坦诚。谈判进行得很顺利，两人很快签订了合同。

由此可见，美好的第一印象从站姿开始。自然挺拔的身姿能给人可靠而干练的印象，第一眼就会赢得人们的信任。如果说良好的站姿能衬托出美好的气质和风度，那么如果站不直，即使再美的人也显示不出气质。不信请看下面的故事。

段微是公认的美女，而且有一米七的身高。因此她对参加业余模特队很有信心。经过照片初选，她顺利地接到了面试通知。可令她意想不到的是，第一轮面试就把她淘汰了。她始终想不明白为什么远不如自己漂亮的那个女孩居然能顺利通过。她找到面试的负责人质问。负责人看了看她说："你的五官和身材都很美，穿的衣服也很美，但你站没站相、坐没坐相，实在让人难以打出高分。"段微不服。负责人取出录像给她看。只见画面上有一段，是让参加面试的女孩在门外排队等候，大部分女孩都安静地站着，身姿挺拔。段微却弓着腰，双脚撇开，眼神涣散，无精打采。段微心里惊呼："这是我吗？"她惭愧地低下头，下定决心要好好学习优雅仪态，随时注意自己的形象。这次参选虽然失败了，可段微却由此认识到优雅站姿的重要性，这也是值得欣喜的一种收获！

从一个人的站姿，人们能够看出她/他的精神状态、品质和修养及健康状况。一个人如果站姿不雅，再美的容貌和衣服也救不了他/她的形象。

好的站姿能通过学习和训练而获得的。现在许多大型礼仪培训课都提供给学员小窍门。我们如果能稍加练习，并且在日常生活中有意识地施行，效果会非常明显。

首先，我们得反思并检查自己是否有以下不良、不雅的站姿：站立时垂头耷拉肩膀，或者腿脚不自觉地抖动；站立时将身体依靠在墙上、栏杆上；站立时伸长脖子东张西望；站立时双脚撇开或是弓着腰……如果有，一定要下决心改正自己的站姿。

那么，怎样训练站姿呢？

挺拔、立腰、向上是站姿训练的3个基本要求。挺拔不等于僵硬，做到胸不要含，肩不要高耸，髋不要松，膝不要打弯，就是最自然的挺拔状态了。挺拔的姿态会让人觉得你精神极佳。

餐桌上可以反映你的教养

在饭桌上，两手不拿刀叉时，也要平放在桌面上，不能放在桌下，搁在自己腿上或膝盖上。你只要留心别的有教养的青年就可知道。刀叉尤其不要掉在盘下，叮叮当当的！

——摘自《傅雷家书·一九五四年八月十六日》

餐桌是一个特别重要的社交媒介，也是个特别能考验出一个人是否有涵养的场合。因而，养成良好的就餐习惯和餐桌礼仪，是一件很重要的事情。

小宇性情豪爽，深得朋友们的喜欢，但大家却反感和他一起吃饭。因为他在饭桌上的表现极其不雅，令其他人哭笑不得。最近，小宇新认识了一位女孩。女孩和小宇谈得很开心，小宇一高兴，要请女孩吃午饭。女孩很爽快地接受了邀请。饭菜上桌前，小宇和女孩依然谈得眉飞色舞，而开始吃饭的时候，女孩开始皱眉了。无论什么食物上来，小宇都会像恶鬼一样抢着往面前的小盘里夹一堆。更要命的是，他像猴子一样用手抓着烤肉，吃完后还要意犹未尽地吮吮手指，发出"滋溜"的声音。女孩看着小宇，目瞪口呆。原本兴高采烈的女孩因为这顿饭，彻底打消了和小宇继续交朋友的念头。

看来，在餐桌上的表现特别能体现一个人有没有修养。我们在餐桌上一定要注意自己的言行举止合乎礼仪，让自己表现得大方雍容。

那么，我们应该注意的餐桌礼仪有哪些呢？

俗话说："筷子未动，考验已经开始。"首先，我们得注意自己的着装。总的要求是大方得体。例如，参加朋友的家宴，着装应给人轻松感和亲切感，端庄而整洁。不要穿太休闲或者有油污、破洞的衣服赴宴。

其次，我们得注意餐桌座次的长幼尊卑，要根据自己的身份找准自己的座位，或者在接待人员的引导下确定自己的座位。要等主人和最尊贵的客人落座后，自己才从容落座。坐下后，身体要挺直，不要用手拄着下巴做沉思状，或者把手放在别人的椅背和身上。腿放在桌下，不要随意伸直，以免碰到别人，使对方厌恶或产生误会。坐好后不要随便扭动身体，东张西望，不要摆弄杯盘碗筷或起身走动而发出响声。如果有事离席，应向主人打招呼。

就座后，依循程序和惯例。应邀点菜时，价格中等、口味大众化的菜品是最佳选择，别人点菜时不要随便提建议或者探头张望，露出迫不及待的表情。

上菜前，可以和身边的人适当交谈，一方面熟悉环境，一方面通过交谈制造和谐愉快的气氛。当菜上桌后，务必等待长辈动筷后，自己再动筷，表情动作要大方自然。下面就有一则不顾餐桌礼仪而引来恶果的故事。

赵贤陪老板出差，接待单位请他们到大酒店吃饭。落座后，尚未开始点菜，赵贤陪着老板和对方的接待人员寒暄，眼睛却不由自主地瞄向饭桌上，往印着招牌菜名的塑料牌子上瞟，两眼放光。接待单位的一个小伙子看到了赵贤的眼神，想笑又不敢笑，悄悄用胳膊碰碰自己的同事，让他看赵贤。点过菜后，菜陆续上桌了。这是一桌极具当地特色的宴席，其中许多菜都是赵贤从未吃过的，他心里直发痒。未动筷子之前，赵贤极力做出落落大方的举止，却忍不住不时瞟自己想吃的菜，目光中掩饰不住馋的表情。出差结束后，赵贤在餐桌上的目光和表情成了接待单位的笑柄，一提起赵贤所在的公司，接待单位的人就笑成一团。由于赵贤出了大洋相，损害了公司的形象，老板辞退了赵贤。

赵贤的馋相实在是不雅，惹人发笑而又让人轻视。以后我们在餐桌上一定要以此为鉴，即使饿了，盘子里盛着自己最喜欢吃的或是自己从未吃过的美食，也不要对它表示出过度的渴望和贪婪，否则会给人一种目光短浅、庸俗浅薄的印象，任何人都不喜欢和这种人一同就餐。

　　在餐桌上还应处处小心谨慎。不要碰倒碗筷、杯盘；夹菜、舀汤要适量，尤其是取食汁液较多、比较酥软的食物时，更要防止洒落，不要淋得到处都是。

　　此外，还要注意卫生、整洁，不要将自己使用的筷子、勺子伸入公共餐盘中，公用餐具使用完毕后应将其正确归位。夹菜时，不要在盘子里翻来拣去，只挑自己爱吃的，不要张大嘴巴狼吞虎咽，更不要风卷残云般地大吃特吃，避免发出太大的声音，否则会给人留下粗鲁自私的印象。值得留意的是，吃东西时应及时用餐巾纸擦嘴，防止残渣或汁液留在嘴边。

　　总之，每个进餐动作都公布着我们的修养分数，除了动作文雅，在餐桌上，我们还要友善亲切、热心助人，在进餐过程中，我们应该在进食的间隙和在座的人闲谈几句，只顾专心吃饭而不与身边的人进行任何交流也是不礼貌的。看到旁边人需要什么，应主动帮忙，见有人点菜或有需求，主动帮忙去找服务员等。

　　餐桌礼仪和食物一样与我们密不可分，在我们的生活秩序中占有非常重要的地位。随着就餐式样的增多，用餐礼仪也有了不同的式样，如中西餐在礼仪方面的要求就有许多差别，作为现代人，知道西餐礼仪也是必不可少的大众课，如有机会去西餐厅赴宴，应该在之前了解一些西餐的基本礼仪和禁忌，既防止失礼于人，又让自己在举手投足间尽显优雅从容。

选好礼物送对人

送礼的东西，带去不易；送的时候要多考虑，先决定人选，再挑东西。

——摘自《傅雷家书·一九六〇年十一月十三日》

亲朋好友生日、传统节日、师长寿宴……为了表示祝贺、迎接、纪念、酬谢、仰慕等意愿，我们都需要赠送礼物。可以说礼物是情感的纽带，只有当礼物能恰当地表达送礼者真挚的情意，送礼才能达到预期效果。

因而，礼物送出之前，我们应该想清楚对方的身份、年龄、爱好、民族习惯，千万不要像下文中的男生一样，送礼不成反倒招人怨。

有个男生幸运地得到了一个实习的机会。三八妇女节这天，他将一支在超市购物时顺带的赠品——红玫瑰送给了自己的女主管，想借此对这段时间里女主管的帮助表示一下感谢。已婚的女主管看到玫瑰，诧异地说："给我的？"男生有些羞涩地点点头，说："谢谢您指导我工作！"女主管说："你该把它送给你的女朋友。"于是拒绝了红玫瑰。男生尴尬地退出了女主管的办公室。结果不久后，男生实习期满，被公司以"不适合"的理由打发掉了。

为了避免像上述的情况发生，我们必须了解一些送礼的常识。例如，不要送红玫瑰给已有伴侣的异性，因为红玫瑰代表着爱情；不要送伞给朋友，这意味着"散""分手"；不要送钟表给长辈，因为"送钟"的谐音是"送终"，很不吉利，是最忌讳的；不要送人黄菊花，因为这种花是葬礼专用花。此外，还得注意不同地域、不同民族、不同国家的风俗习惯，千万不要触犯一些禁忌。例如，不要送扇子给台湾人，因为台湾民间有"送扇，不想见"的说法；不要送西方人刀具，因为这意味着断绝关系；不要送印度人牛皮制品，因为牛在印度是很神圣的动物；初次结识法国朋友就送礼物，也是不合适的。

如此说来，送礼是门大学问。关键就是选好礼物送对人，投其所好。如果你给一个从不喜欢看足球赛，从不熟悉足球明星的朋友送球星签名照片，对方是不可能珍惜的；如果你给一个不喜欢喝咖啡的人送了一个咖啡壶，他很可能马上转送给别人。而对于一个小孩子来说，一个玩具或者好吃的零食要比一双鞋令他兴奋多了；对于一个热衷于邮票收集的朋友来说，一套他喜欢的邮票就是特别珍贵的礼物；对于一个喜欢美术艺术品的人，一幅有品位的名人字画便是最好的礼物。总之，我们送的礼物应该是对方所需要的，好比给口渴的人送一杯水，这就是最合适的礼物。下面故事中的培训学校师生就是送对礼物的人。

布拉德是一个英语培训学校的教师，因为合约到期，他要回美国。学校领导很欣赏他的才华和能力，因此对他的离开感到很惋惜。但布拉德去意已决，学校只好为他送行。校方专门为布拉德举办了一个晚会，在会上，全校师生上演了许多精彩的节目。最后校长示意一名学生代表送给布兰德一个包装精美的大盒子，布拉德打开礼物，看到一个制作精美的沙燕风筝和一套紫砂茶具。学生代表告诉他：沙燕风筝是北京特产，紫砂茶壶是中国特产。布拉德惊喜万分，风筝让他想起了和学生们一起在郊外玩耍的情景；喝茶，则是他到北京后养成的习惯。最令布拉德感动的是，沙燕的头部画了一只小狗，那是布拉德的属相，而且紫砂茶具的茶壶和茶杯上，都用篆书刻上了布拉德的中文名字。布拉德连说："谢谢！"面向大家，鞠了一个中国式的躬。布拉德回到美国后不久，就推荐了一个教学水平很高的好朋友给培训学校。

培训学校的师生送给布拉德的礼物，不仅投其所好，还能独具匠心，适合对方的身份地位，因而更能体现出师生们的心意和礼物的价值。亲朋好友、恩师长辈，这些与我们关系最亲近的人，在我们生命中占据着最重要的位置，为他们送礼，尤其需要精心选择。对好友而言，我们精心缝制的十字绣或者抱枕，比那些从大商场买来的高级物品更能让他/她喜欢；对家里的长辈而言，一张我们自己动手设计、制作的贺卡，写上几句衷心祝福的话语，就比任何其他礼物更珍贵，因为他们并不希望我们花很多钱。

最后，我们总结一下"如何挑选礼物"：

选礼物要迎合收礼者的当地习俗，选礼物要迎合收礼者的爱好，选礼物要以自己与收礼者的关系为基础，选礼物要符合收礼者的身份。

注意"选礼物的禁忌"：

不要选有暗示意味、不吉利色彩的物品，不要选犯收礼者信仰禁忌的礼物，不要选对收礼者没有价值的礼物。

入乡随俗，入国问禁

你素来有两个习惯：一是到别人家里，进了屋子，脱了大衣，却留着丝围巾；二是常常把手插在上衣口袋里，或是裤袋里。这两件都不合西洋的礼貌。围巾必须和大衣一同脱在衣帽间，不穿大衣时，也要除去围巾，手插在上衣袋里比插在裤袋里更无礼貌，切忌切忌！

——摘自《傅雷家书·一九五四年八月十六日》

众所周知，在社会交往中人人都要讲礼貌，这是约定俗成的交往准则。但各地区、各民族都有其独特的表达方式，各有各的讲究，稍不注意就难免失礼，甚至触犯对方，造成不良的影响。文化不同，礼貌的表达方式可能大相径庭。

例如在中国，人们见面互相寒暄，往往礼貌地问："吃了吗？"一位来中国不久的留学生听到这种话语，就曾经因误解而埋怨道："你们为什么老问我吃了没有？我有钱。"他以为人们是怕他钱不够花才这样问的，而不知道这是中国人的一种礼貌。在中国，人们接受宴请，往往不是爽快地答应，而是说一些"别客气""免了罢"之类的话。这是我们的礼貌习惯。一位赴美的访问学者在接到导师的家宴邀请时，电话里不停地说："Thank you ." "I'll try ."，导师很着急，干脆问他"Yes or no？"因为导师很为难，不知该不该算他一份。在美国，接受邀请与否要直截了当，并且要说明能否按时赴会，而不是不置可否的回答。

许多民族都有自己特殊的文化和仪俗，这些礼仪习俗代表着他们悠久的历史或者信仰，值得我们去了解和尊重。欧洲某个商务考察团到信仰伊斯兰教的巴基斯坦去考察。一行人结束一天的行程后，在大街上游逛。有几个人取出照相机对着街上走过的服饰独特的穆斯林女性连连拍照，遭到女性的拒绝和呵斥，更令他们难堪的是，路边跑过来很多当地男性，非常生气地指责他们，这个考察团给当地的接待人员留下了非常不好的印象，当地新闻也作了相关报道，令他们考察组人员羞愧不已。

之所以会有这样的结局，就是因为考察组的人员没有"入国问禁，入乡随俗"。而"入国问禁，入乡随俗"自古以来就是人际交往成功的"法宝"。很久以前，有一个地方叫作"裸国"，那里的人们都以裸露为俗。有一次，兄弟二人去裸国经商。弟弟说："听说裸国人都不穿衣服，今日我们前往那里，若想顺利地与他们沟通，我看我们还是遵循他们的礼俗行事吧！"哥哥却说："礼教不可亏。我们怎么可以因为他们不穿衣服，就放弃我们自己的礼教呢？"弟弟分辩道："这样做并没有破坏我们的礼教啊！因为我们的内心还是纯正的。再说，这样做也只是权宜之计！"哥哥犹豫不决，让弟弟先进裸国去探探情况，弟弟答应了。

由于弟弟遵循当地的礼俗，很快就与当地人打成了一片。裸国的国王也很欢迎他，以高价购买了他全部的商品。看到弟弟满载而归，哥哥也乘着车进入了裸国，可是由于他坚持原来的礼教，不肯变通，反而指责当地人这里不对、那里不行，结果违背了民心，裸国国王对他也非常恼火，将他赶出国。弟弟知道后，赶来裸国为哥哥求情，才使哥哥免于灾难。兄弟二人辞别裸国的时候，裸国的人民夹道欢送弟弟，却痛骂哥哥。看到这种情景，哥哥怎么也不能理解，为什么自己恪守礼教却遭到裸国人的痛恨。

故事让我们忍俊不禁，但是笑过之后道理我们要记住：要想在跨文化交际中得心应手，随俗和问禁是入门的不二法则，随俗和问禁都有助于交际成功。

涉外交往维护国格

> 过去常常嘱咐你说话小心，但没有强调关于国际的言论，这是我的疏忽。嘴巴切不可畅，尤其在国外！对宗教的事，跟谁都不要谈。我们在国内也从不与人讨论此事。在欧洲，尤其犯忌。你必须深深体会到这些，牢记在心！对无论哪个外国人，提到我们自己的国家，也须特别保留。
>
> ——摘自《傅雷家书·一九五六年五月三十一日》

在今天，由于通讯和交通工具日益发达，国与国之间的交流也日益频繁，我们在生活中不免会遇到和外国人打交道的时候。当我们面对外国人时，我们就代表了自己的国家，我们所说的话、所做的事，都代表着自己祖国的立场。

我们既然是国家形象的缩影，理应维护自己的人格，注重个人形象和言谈举止。在涉外活动中，我们一定要修饰好仪容，以最完美、最阳光的一面示人，展示自我的仪表、谈吐和风度，以及礼貌。

小德是一个普通的山区女性，由于当地被旅游部门开发，成为著名的原生态旅游区，山里的许多当地居民都顺理成章地做起了导游。小德只有初中文化，但她看到外国游客越来越多，主动和本地的中学教师学起了英语，并积极在实践中练习和运用。3年后，小德已经能顺利地用英语和英语国家的游客对话。小德一向对游客负责，不像某些村民，想方设法对外国游客进行欺诈。小德接待游客的3年时间里，多次捡到外国游客的钱包、相机等贵重物品，她无一例外地交还失主。她的态度热情大方，丝毫没有小山村里村民惯有的那种拘谨，众多游客纷纷对她表示赞扬和尊敬，并与她合影，表示如果下次再来，一定还请她做导游。小德很荣幸，也很自豪地被当地城市评选为"明星女性"。

小德恰到好处的热情最能感染游客，正直和坦诚更展示了她的人格。在涉外交往中，我们要像小德学习，除了得体的外表和礼节，我们应该严格要求自己，做好自己分内的事情，这是我们维护自己祖国形象与尊严的最好方式。

在维护好个人人格时，还要维护国格，在涉外交往过程中，一定不要非议国家的方针政策，不要非议国家政府工作人员，不要非议国家的重大事件。我们要在实际行动中表现出对国旗、国徽、国歌的尊重和爱护，并引以为荣。我们要在一言一行中表现出对国家的热爱和忠诚。

当面对一些歧视性的问题或者敏感性的话题，我们要保持警惕，及时回应。但我们不能武断地批评对方。因为中外文化的差异，看问题的角度、观念、言谈习惯、性格等因素的差异，有些外国人提出敏感性话题，并非是有意制造事端，这更需要我们学会加以鉴别：如果是知识性错误，我们可以耐心地解释给对方；如果是理解性错误，我们要认真地纠正对方；如果是故意挑衅，我们要以婉转而有力的话语反击对方。

1960年4月下旬，我国与印度谈判中印边界问题，印方提出一个挑衅性问题："西藏自古就是中国的领土吗？"我国出色的外交代表说："西藏自古就是中国的领土，远的不说，至少在元代，它已经是中国的领土。"对方说："时间太短了。"我方代表说："中国的元代离现在已有700来年的历史，如果700来年都被认为是时间短的话，那么，美国到现在只有100多年的历史，是不是美国不能称为一个国家呢？这显然是荒谬的。"印方代表哑口无言。

由此可见，在涉外交往时想要维护原则、站稳立场，广博的知识面和机智的头脑是不可缺少的。这就需要我们努力增长自己的知识和才干，才能不管在什么场合，都出色地担负起代表自己的祖国、维护国家利益的责任。

第六章 灵活处世，一帆风顺

LINGHUO CHUSHI YIFANFENGSHUN

对待批评——有则改之，无则勉之

> 但即使批评家说的不完全对头，或竟完全不对头，也会有一言半语引起我们的反省，给我们一种inspiration（灵感），使我们发现真正的缺点，或者另外一个新的角落让我们去追求，再不然是使我们联想到一些小枝节可以补充、修正或改善。——这便是批评家之言不可尽信，亦不可忽视的辩证关系。
>
> ——摘自《傅雷家书·一九六〇年十二月二日》

在内心深处，我们都明白，接受一些批评能提高自己，了解实情甚至能让我们避免危险，但这是件痛苦的事，因为事实上，没有人喜欢挨批评。提出批评需要勇气，而接受批评则需要更大的勇气。我们每个人都不喜欢接受批评，而希望听到别人的赞美，也不管这些批评或赞美是不是公正。因此，理智地对待批评，便是一种最难培养的习惯。所以，傅雷在写给儿子的信中多次教导他如何看待别人对自己的评论。同样的教诲我们在以下高僧对弟子的教育中也能得到些启示。

从前，寺庙里有一位高僧打发他的年轻弟子去集市上买东西。可弟子回来后，却是满脸不高兴。于是师傅问他："怎么了？出了什么事，你这么生气？"

"我到集市上的时候，那些人都追着我看，还不停地嘲笑我！"弟子噘着嘴说。

"哦？他们都嘲笑你什么呢？"

"笑我个子矮呗！哼！可是，这些俗人哪里知道，虽然我长得不高，但我的心胸可宽广着呢！”弟子仍是气呼呼地说。

师傅听完他的话，什么也没说，转身拿起一个脸盆，带着弟子来到海边。

师傅先用脸盆盛满海水，然后往盆里丢了一颗小石头，脸盆里的海水溅了一些出来。接着，师傅又捡起一块大石头，用力扔进前方的大海里，大海没有任何反应。

“你说自己的心胸很大，是吗？可我怎么没看出来，人家只是说了几句你不爱听的话，你就生那么大的气！就像这个丢进一颗小石头的水盆，水花到处飞溅。”

弟子这才恍然大悟：和宽广的“大海”比起来，自己的心胸真的就只是像这个小小的“脸盆”一样狭窄啊！

和年轻弟子一样，我们每一个人在生活中总难免会遭人批评、非议甚至诽谤，也许我们还达不到所谓“爱非议者”的程度，但至少应该爱自己，豁达地对待某些恶意评论，不跟评论者一般见识，不要让其错误的侮辱性言论影响了自己的情绪和健康。

佛教创始人释迦牟尼传道之初并不被人理解，常常遭到别人的怨恨和谩骂。可是不管那个人骂得多难听，释迦牟尼都不加辩解，仍然心平气和地听着，等到对方骂累了，释迦牟尼才问他：“我的朋友，如果你送东西给别人，别人却不接受的话，那么那个东西是属于谁的呢？”

那个人不明白他的意思，很不客气地答道：“当然还是属于我啦！”释迦牟尼说：“到今天为止，你一直在骂我，可是我若是不接受这些‘赠礼’的话，那么那些话是属于谁的呢？”

那个人顿时语塞，沉默下来，不得不承认以往谩骂释迦牟尼是因为嫉妒，他已经认识到了自己的过错，并发誓以后再也不诽谤他人了。

释迦牟尼把自己的这个经验告诉他的弟子，要他们戒慎之：“一般人遭人辱骂后，总会想要回嘴报复，其实是不必要的，因为那个人总会自食其果的，要想侮辱别人，不但不会达到目的，反而会回报到自己身上，侮辱到自己。"

可见，如果别人的批评根本是诽谤，莫须有的罪名，我们根本不必在意。对此，心理学家杰克·埃菲尔德打了一个经典的比方：

如果我对你说："你长绿头发了。"你会感到难过吗？

你的回答可能会是："不。"

如果我再问你："为什么呢？"

你的回答可能是这样："因为我知道自己不会长绿头发。"

这意味着，"我的话并没有影响到你，最重要的是你对自己的看法。任何时候，如果别人批评你或你所做的事，让你感到不安，那是因为在某种程度上，你对自己的这个方面也有些怀疑。"

我们要客观地对待别人的批评，如果发觉别人对自己的非议存在合理的成分，自己确实存在他指出的某些缺点，我们就应该虚心坦率地接受意见，并加以改正。能够客观开明地衡量别人的批评，利用别人的批评来审视自己，这是许多成功者都具有的优点。

美国前总统林肯年轻时，当过律师。有一次，他为了办一个重要的案件来到芝加哥。

然而，芝加哥那些赫赫有名的律师都不爱理他。他们认为林肯的那种辩论方法太幼稚、不入流，并且也认为自己的地位崇高，和一个外地来的后生律师在一起是自降身份。于是，那些律师摆出一副高高在上的面孔，对林肯不理不睬，连吃饭也不和他坐在一起。

如果是换了其他人，很可能觉得受到了侮辱，会做出一些还击的举动，或愤然离去。可是林肯却没有这样做。他很虚心地接受了他们的批评，包括那些尖刻的、很难听的批评。后来他回到斯勃林菲尔德的时候，他说："我到芝加哥才知道自己懂得的东西有限得可怜，而我要学习的又那么多。"

就在这些批评声中，林肯一步步地向前走，不断地提升自己，最终当上了美国总统。这种虚心听取批评意见的作风直到他当了总统后依然保持着。

有一次，美国作战部长爱德华·史丹顿称林肯是"一个笨蛋"。史丹顿之所以生气是因为林肯干涉了他的任务，为了取悦一个很自私的政客，林肯签发了一项命令，要求调动某些军队。史丹顿不仅拒绝执行林肯的命令，而且大骂林肯签发这种命令是笨蛋的行为。结果怎么样呢？当林肯听到史丹顿说的话之后，他很平静地回答说："如果史丹顿说我是个笨蛋，那我一定就是个笨蛋，因为他几乎从来没有出过错。我得亲自过去看一看。"

林肯果然去见史丹顿，他知道自己签发了错误的命令，于是收回了成命。

"有则改之"这是林肯对待非议的态度，因此，对于林肯来说，那些令人难堪的批评，非但没有打击他的信心，反而使他登上了成功的巅峰。我们应该向他学习。

总的说来，面对批评我们应该持什么样的态度呢？虚心地接受，小心地选择，衷心地采纳。

坚持自己的原则

你知道你爸爸一生清白，公私分明，严格到极点。他帮助人也有极强的原则性，凡是不正当的用途，便是知己的朋友也不肯通融（我亲眼见过这种例子），凡是人家真有为难而且是正当用途，就是素不相识的也肯慨然相助。就是说，他对什么事都严肃看待，理智强得不得了。

——摘自《傅雷家书·一九六一年四月二十日》

列宾说："没有信仰的人是空虚的废物，没有原则的人是无用的小人。"英国也有句名言："如果没有原则的考验，一个人简直不知道自己是不是正直。"无论是以何种姿态做人，必要的一点是：坚持自己的原则。

何为原则？汉语词典有释义为"言行所依据的准则"。人之初，性本善，我们每个人生下来都有一颗善意的心，只是有一些人的良心在这物质横流的尘世中变迁而已，终归一点，那些人只是缺少了自己的原则，于是随波逐流。斯迈尔斯说："一个没有原则和没有意志的人就像一艘没有舵和罗盘的船一般，他会随着风的变化而随时改变自己的方向。"下面的故事说明没原则会吃大亏的。

内地的某两个小城市在争抢一笔外商投资。这两个小城市的条件差不多，位置、交通、资源、劳动力等也难分伯仲。

硬件没有优势，那就只有靠软件了。甲城市的领导决定，在土地使用价格、税收等方面再进一步做出更大的让步，给外商更大的好处。但出乎意料的是，外商最终选择了乙城市。

事后，有人不解地问外商。外商解释说："甲城市的条件太过优厚了，领导的许诺已然超出了国家政策的范围，不按原则法律办事。这种人情色彩太浓、随意性太强的地方我们不敢去，这是几十年的投资啊。"

正如有句话所说："今天你可以违反原则给我好处，明天你就会无原则地给我带来恶果。"不坚持原则的人或集体，怎能赢得他人的信任？

坚持原则，一般意味着坚持的是正确的、善意的原则，是信仰的善恶是非标准，意味着"富贵不能淫，贫贱不能移，威武不能屈"的独立品格。

耶路撒冷有一家名为"芬克斯"的酒吧，酒吧的面积不大，只有30平方米，但它却声名远扬。

有一天，酒吧老板接到一个电话，那人很客气地跟他商量说："我将带10个随从前往你的酒吧。为了方便，希望你谢绝其他顾客，可以吗？"

老板罗斯恰尔斯毫不犹豫地说："我欢迎你们来，但要谢绝其他顾客，这不可能。"

其实，这个老板不知道，打电话的人是美国前国务卿基辛格博士。他是在访问中东的议程即将结束时，在别人的推荐下，才打算到"芬克斯"酒吧的。

基辛格最后坦言："我是出访中东的美国国务卿，我希望你能考虑一下我的要求。"罗斯恰尔斯礼貌地对他说："国务卿先生，您愿意光临本店我深感荣幸。但是，因您的缘故而将其他人拒之门外，这是我无法办到的。"

基辛格博士听后，说："我真是没见过你这么不知变通、不懂礼貌的老板！"说完，摔掉了手中的电话。

第二天傍晚，罗斯恰尔斯又接到了基辛格的电话。他首先对自己昨天的失礼深表歉意，说明天只打算带3个人来，只订1桌，并且不必谢绝其他客人。

罗斯恰尔斯说："非常感谢您，但我还是无法满足您的要求。"

基辛格很意外，问："这次又是为什么？"

"对不起，先生，明天是星期六，对我们犹太人来说，礼拜六是一个神圣的日子，本店休息。"

"可是，后天我就要回美国了，您能否破例一次呢？"

罗斯恰尔斯很诚恳地说："不行，您该知道，如果我们违背了神意经营的话，那是对神的玷污。"

基辛格无言以对，他只好无奈又不无遗憾地离开了耶路撒冷，而没能在中东享受到这家小酒吧的服务。

这是一个真实的故事。这家小酒吧连续多年被美国《新闻周刊》列入世界最佳酒吧前15名。一个只有30平方米的小酒吧，竟能享有如此之高的美誉，与这家酒吧老板的作风有着千丝万缕的关联。

坚持原则是一个人或一个集体的标签，一种高贵的品格，最终会赢得他人的信任和敬重。

我们在生活中想要坚持原则的话，在许多时候需要勇敢地说"不"，就如上文故事中的酒吧老板罗斯恰尔斯面对违背自己原则的要求时，毫不犹豫地说"不"。下面故事中我们会看到一个瑞典的孩子为了坚持自己的原则也能勇敢地说"不"。

瑞典一所学校的语言试卷中有一道阅读题。大意是猎人一边教孩子狩猎的技巧，一边教儿子做人的道理。文章下面列出了几个思考题，让学生回答。

一个孩子在试卷上写道："请老师原谅，这是一篇很无聊的文章，我拒绝回答和它相关的任何问题。"老师看到后，既生气又不解，于是问道："你为什么觉得这篇文章无聊？"孩子毫不掩饰地回答："我们全家都是动物保护者，狩猎是非法的，而这篇文章写的却是狩猎。"老师恍然大悟，但接着又问："我们是想从文中学到一些做人的道理，这与动物保护没有多少冲突，你不应该拒绝回答问题呀！""老师，我反对您的观点，连动物保护都做不到，还谈什么做人的道理呢？"这个孩子非常认真地回答。老师又说："这只是一篇哲学小品文，想通过一个故事给人们一点启示罢了，你想得可能有些复杂了。""不，我想得并不复杂，其实很简单，这篇文章触犯了我的原则。"孩子坚定地说。

这个孩子有自己的原则，保护动物就是他做人的原则。触犯了他的原则，即便是老师的启发和诱导，也不能改变他。在老师面前，他毫不掩饰、毫不犹豫地说"不"，确实是难能可贵的品质。我们在心中也有自己的原则，而在权威、长辈、领导面前，在与个人利害相关的问题面前，在与自己无关的事情面前，如果和自己的原则相违背了，我们应该像那个瑞典孩子那样勇敢地说"不"。但我们也要注意：坚持原则不是盲目固执，不是墨守教条。

温和远胜于狂暴

以上种种，你需要掌握时机，候她心情愉快的当口委婉细致，心平气和，像对知己朋友进忠告一般的谈，你总得让她感觉到一切是为她好，帮助她学习，livethelife（待人处世）；忠言逆耳，但必须出以一百二十分柔和的态度，对方才能接受。

——摘自《傅雷家书·一九六一年七月七日》

傅雷教导儿子向人进谏忠言时必须出以柔和的态度，其实在许多时候，柔和、温和往往具有一种特别的力量。泰戈尔曾说："上帝的巨大的威权是在柔和的微飔里，而不在狂风暴雨之中。"

孟子说："仁者无敌"，并不是指仁者体格健壮、孔武有力，也不是指言辞犀利、咄咄逼人。仁者的强大，源自内心的仁爱和厚重。君子的力量始自人格与内心，他的内心完满、富足，先完成了自我修养，而后表现出来一种从容不迫的温和风度，常常能够影响或改变他人。有一则寓言故事也很好地说明了温和友善的影响力。

寒风和太阳打赌，看谁能让一个人最先脱掉身上的衣服。寒风鼓足了所有的力气，带着彻骨的寒冷和猛烈的凉风吹向那人，但是尽管被吹得摇晃不止，那个人还是拼命地紧紧地拽住衣服。最终，寒风累得筋疲力尽还是未能如愿。而轮到太阳时，它只是笑呵呵地散发着光和热，不一会儿那个人就热得脱下了衣服。大阳对风说："温和与友善总是要比愤怒和暴力更强而有力。"

从故事中我们读懂了温和的力量。一个灿烂的微笑、一个赏识的眼神、一句热情的话语，都能化解矛盾双方间的隔阂，让彼此敞开胸襟，融化彼此间的坚冰。

曾在网上看到这样一篇报道：古城西安有位孤苦无依的老妇，整日以摆地摊为生。城管为引导其在适当地方摆摊，想尽了一切办法，无论是劝慰、疏导还是强制驱离，均不奏效。遇到城管执法，老太太总是以推扯、耍赖或干脆报以号哭来加以抵制。城管人员一走，老太太依然随处摆摊，城管工作毫无成效。年关将尽，老太太又一次将年画、钥匙扣等小物品摆放路边，以赚取小利维持生计。此时四名城管又向她走来，在她惊惶之际，城管却向她送上了过年慰问品。面对年货及慰问金，老妇又一次号啕大哭，不过此次并非委曲只为感动！事后，老太太由衷地对城管人员谢道：今后摆摊一定服从管理，再不随地乱摆了。这种结果也令城管不胜感慨，原先诸多的方法都不曾令老太太有丝毫改变，而一份新春的慰问却让老人顿时回心转意。

无论是国家、社会，还是集体、个人；不管是工作中，还是生活中，温和远比暴力更有持久的韧性力量。水至柔却能克刚，舌软于牙却久存。生活中的道理会让我们明白：温和是一种理性的升华与胜利。下面事例中的教师就用温和取得了胜利。

有段时间，某学校高三的学生老是从教学楼的三楼向下扔纸飞机，扔得教学楼前满地都是，老师说了多次，也吼了多次，就是没有效果。连续几天卫生状况都很差。一天中午，当一位年长的教师看到又有七八个学生在教学楼三楼往下扔纸飞机的时候，他迅速来到楼下，当天正在下小雨，学生边扔他就边在下面捡，学生看到老教师在水里捡他们扔的纸飞机，没扔的就在上面鼓掌，扔的人连忙跑到教室里躲起来了。老教师捡了三十几个纸飞机，什么也没说，结果从第二天中午以后，再也没有人扔了。

严厉，猛烈的攻击并不足以打败一个人，只能激起他更强烈的反抗；而温和才更具力量，更能让一个人折服。

不要轻信别人的判断

我素来不轻信人言，等到我告诉你什么话，必有相当根据，而你还是不大重视，轻描淡写。这样的不知警惕，对你将来是危险的！

——摘自《傅雷家书·一九五五年十二月十一日夜》

做人要不要相信人？答案是肯定的。如果我们对任何人都不信任，这个社会恐怕会无法存在。反之，如果我们不加思考地相信任何人，会给自己带来麻烦和危险……所以，傅雷在教导儿子要保有赤子之心的同时，还教导儿子不要轻易相信人，是因为他亲身经历过其中的痛苦和伤害。许多洞察世事的人都有这样的体会，比尔·盖茨也是这样教导他的儿子约翰。

有一次，约翰最心爱的玩具车不见了，就满屋子找，床底下也没放过。当时盖茨正在自己的书房看报纸，看到小家伙满头大汗地乱转，明知道他找什么还故意问约翰："找什么啊？"一只脚迅速把桌底下的玩具悄悄地踢到沙发角落里。"我的最新款的玩具车，上星期你才给我买的，爸爸，你见了吗？"

盖茨迅速地瞟了一眼自己的沙发角落，却对约翰说："没有看见，你看看厨房有没有？"说完又低下头看起报纸来。约翰很失望地走向门口，边走边嘟囔："我明明记得就在这个屋子。"快走到门口的时候，盖茨叫住了他："嘿，宝贝，看我手里。"

约翰转过身，看见爸爸得意扬扬地从沙发背后拿出他找了半天的玩具车。"你在哪里找到的？""我没找。""你的意思是你藏起来的？""你说呢？"盖茨笑起来。

约翰有点儿生气，不解地看着盖茨。他肯定不明白一向爱他的父亲为什么会这样做。见盖茨这样"捉弄"儿子，妈妈梅琳达满脸不高兴。她责怪道："没看到他着急成那样啊，你还有心和他开玩笑？"盖茨没有回答她，只是微微地笑了一笑。

约翰奇怪地看了盖茨一眼，拿起玩具转身就往自己的房里跑去了。这时，盖茨叫住了他："约翰，等一等。"约翰头也不回地站在那里，似乎在等盖茨的解释。盖茨说："爸爸是在和你开个玩笑，也想让你明白一个道理。"约翰生气地说："开什么玩笑？有什么道理？"

盖茨说："我这样做是想让你明白，不要轻信任何人，哪怕是你的爸爸。"听盖茨这样说，约翰转过头来不解地看着他。于是，盖茨便进一步向他解释："当然，爸爸是你最可信赖的人。但等你长大后有许多平时看似对你好的人并不一定会在任何时候都关心你、帮助你，就像刚才爸爸对你那样。"

盖茨这样做，不是教唆孩子不讲信用、不诚实、绝对地不相信别人，而是在无形中提高孩子辨别事物的能力。让他明白，这个世界有真善美，也有假恶丑。因为这个世界有一些人，不讲信用，没有诚信，居心叵测，想要害人利己，所以我们才会有上当受骗的可能，不能轻易相信别人，这正如《增广贤文》中所说："画虎画皮难画骨，知人知面不知心"。尤其是在生活中，别人告诉我们有"天上掉馅饼"的好事出现时，我们就得多长几个心眼儿，不能轻易就相信别人所说的好事。

其实，在日常生活中，即使明知对方不可能怀有害人之心时，我们也不能轻信，这是因为，每个人看待问题的标准和角度不同，得出的看法和认识自然也就不同。别人的说法并不一定符合我们对事物的判断，所以有句话说："耳听为虚，眼见为实"。正如下面这则故事。

一次，一头猪钻进一座富丽堂皇的大宅院中，随心所欲地在马厩和厨房周围游逛。后来，猪又来到花园，刚下过雨，园中到处都是污泥和水洼，猪高兴地在里面打了几个滚。"大宅子也不过如此嘛，也有这种地方！"

可是它还觉得不过瘾，见自己浑身都是脏泥，看到厕所旁边有一条阴沟，于是它跳到臭水里又翻又滚，洗了个澡，接着就回家了。

"嗨，你去哪儿了？"主人问它。

"去大宅院转了一圈。"猪不以为然地说。

"啊！去那里了啊！"主人惊叹起来，一副神往的样子，接着问，"那里是不是特别豪华漂亮？我听别人说，那里的房舍高大壮丽，门上都镶嵌着金银珠宝，后面的花园里奇花异草，芳香四溢，还有那里的东西一件比一件精美……"

"我向你保证你听到的那些都是胡说八道。"这头猪哼哼唧唧地说道，"哪里有什么金银珠宝！后花园我倒去过，但是也没有你说的那么好，那些花花草草的我没什么印象，不过那里的泥巴和水洼很好，在里面玩耍很不错。你也可以想象到我不会吝惜鼻子，我把那整个后院的泥土都翻遍了，那条洗澡的河流似乎还不错，但是如果能再宽一点就好了……"

这个故事告诉我们：评判的标准大都建立在个人的兴趣和偏好上。如果想要真正客观地了解事物本身，最好不要轻信别人的判断，而应自己亲自去考察。

以下是关于处世方面"不可轻信"能力培养的几点建议和忠告：

一，平时加强个人修养，锻炼认识事物的能力。

二，遇到事情要保持良好的心态，情绪平和，不为利益所动，不冲动。

三，要耐心研究一件事，从各个方面查找资料，包括从网上找资料、咨询专家、咨询朋友、找警察等等。

四，不要过分相信人情关系，尤其有利益冲突时。

五，不要急于求成，时间是试金石，缓一缓，耐心等待，有时候会使事情水落石出。

六，重要决定应该让你最亲近的亲属知道或参与。

谦逊比好辩有力量

注意以后说话，千万不要太主观，千万不要有说服人的态度，这是最犯忌的，因为就是你说的对，但是给人的印象只觉得你骄傲自大，目中无人，好像天下只有你看得清、看得准，理由都是你的。还有一个大毛病，就是好辩，无论大小，都要辩，这也是犯忌的。希望你先把这两个毛病，时加警惕，随时改掉。

——摘自《傅雷家书·一九五七年十月二十五日》

某日，有个人到来到孔子教学的地方。只见一个年轻人在大院门口打扫院子。他便上前问道："你是孔子的学生吗？"

年轻人骄傲地答道："是的。有何见教？"

"听说孔子是名师，那么你一定也是高徒吧？"

"惭愧。"

"那我想请教你一个问题，不知可否？"

"可以。"

"不过，我有个条件。如果你说得对，我向你磕三个响头；如果你说得不对，你应向我磕三个响头。"

年轻人暗想，踢馆的来了。为了老师的名誉，他很爽快地答道："好。"

"其实，我的问题很简单。就是你说说一年有几季？"

"四季！"年轻人不假思索地脱口而出。

"不对，一年只有三季！"

"四季！"

"三季！"

"四季！"年轻人理直气壮。

"三季！"来人毫不示弱。

正在争论间，孔子从院内出来，年轻人好像遇到救星一般，上前讲明原委，让孔子评评。心想，看你这人怎么下台？

不料，孔子对他的学生说道："一年的确只有三季，你输了。给人家磕响头去吧。"

来人拍掌大笑道："快磕三个响头来！"

年轻人蒙了。但老师都这么说了，就是输了。不得已，只好上前向来人磕了三个响头。来人见此，大笑而去。

待来人走后，年轻人忙问老师："这与您所教有别啊，且一年的确有四季啊，老师！"

"这个人一身绿，和你争论时又一口咬定一年只有三季。他分明是个蚱蜢。蚱蜢者，春天生，秋天亡，一生只经历过春、夏、秋三季，从来没见过冬天，所以在他的思维里，根本就没有'冬季'这个概念。你跟这样的人那就是争上三天三夜也不会有结果。"

孔子为人治学从来都是一丝不苟，却也有不坚持"真理"的时候，因为他知道，争辩毫无意义。

当我们与人争辩的时候，或许我们的观点是对的，但是事实上，我们即使最后赢了，也失去了对方的好感，结果得不偿失。西方有这么一句谚语："当你用食指指着别人的时候，别忘了另外的四个手指正指着你自己。"我们与人争辩的结果最多只是口头上占了上风而已，并没有改变别人的观点。人心都是好胜的，如果我们非要争出个子丑寅卯、胜负成败的话，事情便会弄得难以收拾。人都是喜欢对方谦和的，如果我们能以谦和的态度对待别人，说不定事情自然也就处理好了。

1981年，被业内人士称为"成本屠夫"的王永庆为了节省PVC原料的运费，决定成立一支船队，直接从美国和加拿大运回PVC原料二氯乙烷（EDC），所以需要采购一批化学运输船。

章永宁是当时中船公司的董事长，他意识到如果能够争取到国际闻名的台塑的订单，那就证明中船具有承造要求极其严格的化学船的能力。于是，章永宁与其他九家知名的造船公司展开了激烈的竞争。在十家公司竞标时，中船并非最低标价，但是在议价时，中船为了取得订单，一再忍痛降价。双方讨价还价，眼看就要成交，最后王永庆希望中船能将价格的零头——50万美元去掉。章永宁听后欲哭无泪，中船经过几个月的千辛万苦，价格已经到了赔本的地步，王永庆还要压价。章永宁虽然悲愤交加，很想痛斥王永庆一番，但是还是忍痛和气地说："王董事长，我们还是好朋友，这笔生意我不做了，我不能对不起我的员工。"没想到王永庆感动之余，还是把造船的订单给了中船。

章永宁之所以能获得特大订单，最重要的一条理由就是：在整个谈话过程中，即使王永庆的要求再过分，他也一直没有争论，避免了与王永庆正面冲突，从而一举中标，中船也因此一战成名。

对于争辩，美国著名的人际关系学大师戴尔·卡耐基早已下过结论："天下只有一种方法能得到辩论的最大利益，那就是避免辩论。"你想要促成别人的意见和自己的一致吗？下面是卡耐基总结的几项原则，有些我们从上面的故事中已经认识到，有些我们还可以细细玩味：一，控制好自己的情绪，避免辩论，不要在气头上说话，忍一忍，等待合适时机再说也不迟；二，尊重别人的意见。千万别说"你错了"，更不要自以为是；三，如果你错了，就要迅速而真诚地承认错误；四，要以友善的态度和人交流，要保持微笑；五，要立刻让别人说"是的，是的。"这是苏格拉底的方法，他先问些对方同意的问题，让对方不断地回答"是"，等待对方觉察到时，你们已经得到一致的肯定结论了。

用事实说话最有说服力

你以后一定要审慎，要站稳立场，讲话不能乱讲，不能脱口而出，非思索过不可。看人看事，更不可太简单，常言道"祸从口出，病从口入"，千万牢记在心！

——摘自《傅雷家书·一九五七年十二月二十三日》

傅雷教导儿子说话一定要审慎，不要乱讲、不要脱口而出。

说话要有根据，不能胡说八道，大家都认同，但不是谁都能够在日常的生活中做到这一点，要养成说话必有根据的习惯并不容易。

因为，很多时候，我们听别人谈一件事，听到了一些未必有根据的东西，把这些零散的结论性的东西留在了脑海里。某一天，当有人谈到相关的人或事时，我们就好像有十足把握似的把那些观点拿出来，其实，我们也许没有前前后后把别人说的听全；再者，我们的表述又与自己听到的有变化了，因为我们的记忆可能与事实发生偏差，我们也可能加了一些自己的看法。所以，有时候就不知不觉地说了违背求实初衷的话，长此以往而不加改正，大家对我们的信任也会降低。

荀子说："谣言止于智者。"意思是没有根据的话，传到有头脑的人那里就不能再流传了。可见，谣言经不起分析，当我们听闻一句言论或者听到别人的一些说法时，一定要开动自己的脑筋，静下心去理清来龙去脉，思考言论背后的真相，分析判断其是否有根据，这样就不会犯以讹传讹的错误。

要做到说话有根据，就要注意说自己了解的，即使没有做过深入调查，但应该是很有把握的事实。不知情知"底"就乱说的人有时候会给自己带来尴尬。

某博物馆派出某馆员招揽橱窗广告业务，这位馆员专程赶到当地一家制鞋厂，稍加浏览，就大包大揽地与厂长谈生意。他自以为是，颇为认真地指着厂房里展出的各类鞋产品，夸奖一通："这种鞋子，款式新颖，美观大方，如果与我们馆合作，经我馆广为宣传，一定会提高知名度的！然后就会畅销全国，贵厂生意也会蒸蒸日上啊！"

听起来声情并茂，又具说服力，可惜说话人并非制鞋内行，又没做准备工作，没有事先虚心讨教探探"底"，探测信息，就夸耀对方厂中积压的一批过时的产品。结果厂长不动声色地答道："谢谢你的话。可惜你指出的这批鞋子全部是落后于市场供求形势的第七代产品，现在我们的第九代产品正在走俏、热销。"

仅此两句话，就令这位馆员无话可说了，"不是内行冒称内行"的尴尬让他自己感到无地自容。

像故事中的馆员那样无根据、无把握地说是不可取的，同样，说大话，说过了头、违反常理的话也是不可取的。一件事情的存在总会有它的道理，如果我们说话不顾常情常理，很容易让别人非议，甚至给自己招来祸害。

一只小乌龟，甲壳非常坚硬。野兔、刺猬之类的小动物站在它身上，不但不会被压垮，它还能驮着到处爬动。于是，它觉得自己很了不起了，就自吹自擂起来："你们太轻了，太轻了。踏在我身上，简直就像一片鸿毛。"野兔好奇地问："你能驮得动大象吗？""那太轻了，对我而言，将是一件轻而易举的事情，它在哪里？让它来吧。"乌龟得意扬扬地说，其实它从来不曾认识大象，也不知道大象有多大。恰好一只大象路过这儿，听到了小乌龟的大话，它哈哈大笑："这倒是件新鲜事啊，我们大象能驮动别的东西，可从没听说过有谁能驮得动我们的。今天我倒要看看你这小家伙的本领。"小乌龟瞥了大象一眼，大象真像一座山，可是小乌龟的傲气竟比山还要大。它说："好吧，我要让你见识一下我的本领。你到我背上来吧。"说着，它伸伸脖子，挺挺身架。大象的一只脚刚踏上小乌龟的背，咔嚓一声，可怜那说大话自不量力的小乌龟就这样白白结束了生命。

这是一个我们不忍心看到的悲剧，但悲剧让我们深刻记得不要说没有根据的大话。

为了做到"说话有根据"这一点，我们在表述自己的观点的时候，不要只说自己的结论，还应该说出自己为什么这么认为，用事实说明自己的结论是有根据的，是站得住脚的。如果能够这样，我们会发现有很多话实在是很没有根据的，自己说话的时候就不会那么夸张，而能够尽量客观地表达。而且，擅用理、据结合的方式表达自己的看法，说出来的话不但让人无法反驳，反而会改变他人的看法。这是很不容易的，也是需要慢慢锻炼的。

逢人只说三分话

思想没有成熟的，不要先讲，谨慎小心是不会错的。

——摘自《傅雷家书·一九五七年十月七日》

对我只谈艺术，言多必失，为人利用。

——摘自《傅雷家书·一九五九年三月十二日》

孔子教导我们："不得其人而言，谓之失言。"生活中，我们会发现，有些人有这么一个特点：有事情藏不住，喜怒哀乐，不管什么场合、时间、对象，总喜欢到处说，这样是十分危险的。

当然，人是具有情感的动物，喜欢分享喜怒哀乐。心中有话，可以说出来给人听，但是决不能随便乱说，不能随口吐露自己的心腹。因为，在我们的实际交往中，每个倾诉的对象都是不一样的，无论说什么话，都要有一定的"心机"，说话要谨慎。

俗话说："逢人只说三分话，不可全抛一片心。"就是告诉我们，在人际交往中，不要把自己的所有情况都告诉对方。不论在任何情况下，话都要留七分。也许你觉得，做人就要光明磊落，为什么只能说三分呢？也许你不屑于这样，但是，"祸从口出"这个道理每个人都应该知道。所以，在说话的时候，我们必须明确对方的身份，如果是一个不值得信任的人，三分话也可以不说；如果是一个交往不深不甚了解的人，说话更要有自我保护意识，"害人之心不可有，防人之心不可无"，不要把关系到自己切身利益的事情轻易泄露，以免给心术不正的人以可乘之机。下面故事中的小曾就给了他人可乘之机。

小曾是一家公司的经理，在一次聚会上，他认识了另外一家公司的一名业务员，两人很默契，话也越说越投机，都有相见恨晚的感觉。于是，善良的小曾把对方当成了自己的真心朋友，在半醉半醒之时，把自己公司将要开展的业务计划说了出来。

时隔一个月，当小曾所在公司将新的业务计划投入实际运作时，却接到客户通知，说别的公司已经在做了，并签了合同。小曾作为除了老板之外该计划的唯一知情者，自然被上司批评了一番，并被罚俸降职。

小曾怎么也没想到他把对方当成朋友，对方反而害了他。

有位名人说过："守口如瓶，防意如城。"意思就是我们说话要小心，慎言。当然，不可能不对人说话，但是小心谨慎总是必要的。

有人认为，朋友之间感情好，不管说什么话都没关系。但是，和朋友毕竟不是同一个人，再好的关系也是有一些东西维系着的。当这个东西发生倾斜的时候，你的秘密他是知道的，如果他是一个有心计的人，无论是你的公事还是私事，他都可能会拿来作为武器打击你，使你处于不利的位置。下文中的刺猬就被朋友出卖了。

森林里，狐狸垂涎刺猬的美味很久了，但一直苦于刺猬的一身硬刺———只要狐狸一靠近，刺猬便蜷成一个大刺球，让狐狸一点办法都没有。

刺猬和乌鸦是好朋友，一天，刺猬和乌鸦聊天，乌鸦很羡慕刺猬有这么好的铠甲，便说："朋友，你的这一身铠甲真的是好啊，就连狐狸都没办法"。刺猬经不起乌鸦的吹捧，忍不住对乌鸦说："其实，我的铠甲也不是没有弱点。当我全身蜷起时，在腹部还有一个小眼不能完全蜷起。如朝着这个眼吹气的话，我受不了痒，就会打开身体。"乌鸦听了不禁惊诧，原来刺猬还有这样一个小秘密。刺猬说完后，对乌鸦说："我这个秘密只跟你说过，你可千万要替我保密，要传出去被狐狸知道了，那我就死定了。"乌鸦信誓旦旦地说："放心好了，你是我的好朋友，我怎么会出卖你呢？"

过了不久，乌鸦落在了狐狸的爪下。就在狐狸要吃掉乌鸦的时候，乌鸦突然想到了刺猬的秘密，便对狐狸说："狐狸大哥，听说你很想尝尝刺猬的美味，如果你放了我，我就告诉你刺猬的死穴。"狐狸眼珠子一转，便放了乌鸦，乌鸦便对狐狸说了刺猬的秘密。

在刺猬被狐狸咬住柔软的腹部时，它绝望地说："乌鸦，你答应替我保守秘密的，为什么出卖朋友。"

刺猬生活在充满危险、弱肉强食的森林里，唯一能保护它的就是它一身的硬刺，而它禁不住奉承，逞一时的口舌之快，把自己的破绽告诉了乌鸦。这个故事并不是让我们把自己层层包裹起来，不去交朋友，不去信任朋友。它只是告诉我们，关系到自己正常生活乃至生命的秘密，绝不可轻易告诉他人。

我们在处事时应该记住这样一点：别把自己的秘密全盘告诉对方，以防给自己的将来设置障碍。

背后议论别人，有始料不及的危害

对波兰的音乐界，在师友同学中只可当面提意见；学术讨论是应当自由的，但不要对第三者背后指摘别人，更不可对别国的人批评波兰的音乐界。别忘了你现在并不是什么音乐界的权威！也勿忘了你在国内固然招忌，在波兰也未始不招忌。

——摘自《傅雷家书·一九五六年五月三十一日》

背后议论是一种不良习惯，对人对己都没好处。但在生活中，背后议论别人的现象并不少见。有时我们自己说的不是那样的话，但是经过别人的加工改造就变成了意思完全不同的话，在我们不在场的情况下说出来就很容易被人误解，产生不必要的矛盾，所谓"祸从口出"，也就是这个道理。从一则动物的寓言故事中可见一斑。

狗经常看见牛耕田回来，躺在圈里，疲惫地喘着粗气。狗暗自在心里同情牛。

有一天太阳很好，狗在墙角遇到了猫，它们两个都闲得很，便躺在一起晒着太阳聊天，狗说："我们的日子，真是比牛过得好多了，牛天天吃素，还得下地干活，累得喘着粗气，从来不曾歇一天。主人给他的活太多太重了。"

过了一段时间，猫跟羊闲谈时说："牛抱怨主人给他的吃食太差，给他的活太多太重，它想歇一天，明天不干活了。"

羊无聊时和鸡说起了牛，把猫和它说过的对鸡说了一遍，鸡又跟猪说："听羊说牛不准备再给主人干活了……"

猪乘晚饭主妇给其添食的机会谄媚地说："主妇，我给你反映一件事，牛的思想最近很有问题，他嫌主人给的活太脏太累、太重太多，准备背叛你们到别的主人那里去……"

主妇于是对主人道："牛想背叛我们到别的主人那里去"。

"对待背叛者，杀无赦！"主人咬牙切齿地说。

一头勤劳的牛就这样蒙冤不白地惨死在主人的刀下了。

狗的本意是同情牛，背后说了一句真实的且丝毫不带恶意的话，可是到后来却害得牛惨死在主人的刀下。这个故事告诉我们：尽管有时是无恶意地背后谈论别人，也会出乎意料地给别人造成一些伤害。因为，背后谈论与直言不讳、开诚布公相悖；而和说三道四、飞短流长、搬弄是非、诽谤污蔑为邻。加上在背后谈论的过程中，由于话题会被多次转载，真实性本来就不高，转载者又会加工"润色"、添枝加叶、添油加醋……结果原本一句不带恶意的话，最后却毁坏了别人的形象，伤害了别人。

背后议论别人，还容易引起人与人之间的猜忌、隔阂和矛盾，对自己的学习、工作、友谊和正常的人际交往都会带来负面的影响。

杰夫所在的公司常常和外贸公司合作做生意。外贸公司的胖子经理如同他们的财神爷。有一天胖子经理来杰夫所在的公司谈生意，杰夫作为公司的代表和他最后达成扩大贸易范围的协议。杰夫高兴极了，胖子经理一走，就喜不自禁地和同事描述刚才谈判的过程，正当他和同事兴高采烈地谈论着"胖子"的时候，胖子经理又回来了，原来他忘了拿另外一份文件，他正好听到杰夫他们谈论自己，议论着他这位"胖子"，并且大笑，顿时感觉自己的尊严被他们践踏，心里对他们反感极了。之后，虽然杰夫多次请胖子经理吃饭，想方设法拉近关系，可是他们的关系始终恢复不到以前的水平了，合作也因此少了很多。

由此可见，背后谈论别人容易引发人与人之间的误会，所以，每逢聊天时，请记住这样一个口诀："多说你，少说我，不说他。"

只要坦诚，总能打动人

我认为一个人只要真诚，总能打动人的：即使人家一时不了解，日后仍会了解的。你不要害怕，不要羞怯，不要不好意思；但话一定要说得真诚老实。既然这是你一生的关键，就得拿出勇气来面对事实，用最光明正大的态度来应付，无须那些不必要的顾虑，而不说真话！就是在实际做的时候，要注意措辞及步骤。只要你的感情是真实的，别人一定会感觉到，不会误解的。

——摘自《傅雷家书·一九五五年五月十一日》

做人做事，坦诚些才好，真诚坦然的人自有人格魅力。这是因为，在人际交往中，真诚是赢得人心、获得成功的保证。如果希望得到他人的信任，就必须让人看到，自己是一个真诚、坦白的人，这样可以扫除沟通中的障碍。前外经贸部部长吴仪就是一个很好的例子。

吴仪在一次记者招待会上曾遇到一个很棘手的私人问题。记者问："请问吴仪部长，您为何至今还是独身一人？"对此吴仪是无可奉告，还是避实就虚含糊了事？人们揣测着可能出现的各种回答方式。然而，吴仪的回答大大出乎众人意料，她既不回避，也不闪烁其词。

她说："我不信奉独身主义。之所以单身，和年轻时的思想片面有关。一是受文学作品的影响，心里有一个标准的男子汉形象，而这种人现实生活中没有；二是总觉得要先立业后再成家，而这个业又总觉得没立起来。然后在山沟里一躲就是20年，接触范围有限，等走出山沟，年纪也大了，工作又忙，就算了吧。"

这一席坦率的回答使众人感到吃惊，同时也使众人大为感动。正是这种坦诚直率的大实话才使吴仪部长拉近了和大家的距离，也正是这种诚实的工作作风使她成为对外贸易谈判中令对方竖指称赞的女性。看来，真实坦诚地说出真实的理由，不仅能实现有效的沟通交流，拉近心与心的距离，而且还能使人产生信任感。

这是一则广为流传的真实故事：

"这个项目多久可以完成？"

"六个月。"

"四个月行吗？给你加百分之五十的报酬。"

"对不起，我做不到。"

对话中真诚勇敢地对客户说"我做不到"的正是创业之初的李彦宏，当初百度还只是一个不起眼的小公司。然而，正是李彦宏当初倔强的坚持，反而赢得了客户的信任。后来这个客户告诉李彦宏，对于他的坦率和真实，他感到非常满意，因为这正反映出李彦宏是个真实和稳重的人。这样他的产品在质量上一定会有保证的。从中我们学习到：认清自己，能力不及的事情，真挚地说明自己做不到，是对自己负责，也是对对方负责，这样会赢得对方的理解，甚至赞赏。在许多场合，真诚坦白往往是最能打动人的特质。

目前在一家知名企业从事行政工作的张先生对于面试中如何坦诚自己的优缺点深有体会，4年前刚大学毕业的他出来找工作，他在简历中坦诚列出自己的缺点，受到用人单位的关注。他说，他平时在校表现并不出众，也没有多少特长，当时到他们企业面试的人很多，竞争也异常激烈。他在自己的求职简历中，不仅列举了自己优点和在校期间获得的一些荣誉及奖励，还自我揭短，把个人存在的诸如做事缺乏必要的耐心、性格有些急躁以及喜欢墨守成规、不善于与人沟通交往等缺点，明明白白地写在简历上。

　　他说，当时人事部经理问他为什么把自己的缺点都不加掩饰地写在简历上，他真诚地回答道："金无足赤，人无完人。人都是有缺点的，正如太阳有黑子一样。我想，让用人单位知道自己的缺点甚至比知道优点更重要，而且只有把自己的缺点说出来，才能有决心和勇气去改掉，你们也可以更加全面地了解我这个人。"听了他的回答后，人事部经理看中了他的坦诚，录用了他。

　　张先生求职成功的秘诀在于他的坦诚，在于他的人格魅力。许多用人单位在招聘人才时，不仅要考查求职者的学历和能力，看他的优势和特长，而更重要的是看他的道德表现，看重他为人处事的态度。然而，许多人不明白这个道理，为了赢得用人单位的好感，有的人甚至采取某些不正当的手段掩饰自己的缺点，弄虚作假，自欺欺人。这样，即使在一段时间内可能获得某种交际效果，但最终对方还是会看清你、疏远你。事实上，坦诚也许并不是人际交往之初的"敲门砖"，但这种美德一定是维系人际交往，乃至事业成功的"铺路石"。

坚持真理也需要智慧

以后要多注意：坚持真理的时候必须注意讲话的方式、态度、语气、声调。要做到越有理由，态度越缓和，声音越柔和。坚持真理原是一件艰巨的斗争，也是教育工作；需要好的方法、方式、手段，还有是耐性。

——摘自《傅雷家书·一九五六年四月二十九日》

法国文学巨匠雨果说："坚持真理的人都是伟大的。"我们都希望成为伟大的人，成为能坚持真理的人。然而，坚持真理可不是那么容易的事，古希腊著名的思想家、教育家苏格拉底教导弟子的故事，对我们一定会有很深刻的启示。

有一次，众弟子向他请教怎样才能坚持真理，苏格拉底没有直接回答，而是让大家坐下来，他用手指捏着一个苹果，慢慢地从每个同学的座位旁边走过，一边走一边说："请同学们集中精力，注意嗅空气中的味道。"

然后，他回到讲台上，把苹果举起来左右晃了晃，问："哪位同学闻到了苹果的味道？"

有一位学生举手回答说："我闻到了，是香甜的味道！"

苏格拉底再次走下讲台，举着苹果，慢慢地从每一个学生的座位旁走过，边走边叮嘱："请同学们务必集中精力，仔细嗅一嗅空气中的气味。"

过了片刻，苏格拉底第三次走到学生当中，他让每位学生都嗅一嗅苹果。

这一次，除了一位同学外，其他学生都举起了手，苏格拉底微微地笑着。可是那位没有举手的学生左右看了看，也慌忙举起了手。

苏格拉底的笑容不见了，他举起苹果缓缓地说："非常遗憾，这是一个假苹果，什么味道都没有。"

苏格拉底教导弟子的故事告诉我们，我们要摆脱从众心理，不要人云亦云，对生活中遇到的事情要学会用自己的脑子去分析、思考和判断，这样才能坚持真理。所以说，坚持真理需要智慧。这智慧指的是运用自己的头脑，独立判断和辨别，有勇气坚持自己的看法。不仅如此，坚持真理还需要智慧，这智慧意味着我们坚持真理时要讲究方式、方法，下面有个作家写的故事正说明了这一点。

洛赫村有一位颇有学识的先生，是这一带很有名望的人。他名叫里德因奇，不仅饱读诗书而且精通艺术，可以称得上是一个才华非凡的隐士。里德因奇先生大约四十岁左右，性格开朗，言行举止无时不在洋溢着他的才华和灵气。他有一个值得人们尊敬的爱好，那就是他喜欢给小孩子讲故事，并乐于帮助孩子们解决一些他们自己不能解决的问题。

有一天，里德因奇来我家做客，他的到来对于小孩来说是一件值得兴奋的事，因为他一定会讲许多有趣的故事并发表他与众不同的观点。

我的孩子卡尔激动极了，吃过晚饭后，他又去约了邻居家的几个孩子。孩子们坐在我们的餐桌旁，静静地围绕着里德因奇先生，就像在等待着圣诞老人的礼物。

在一番小小的准备之后，里德因奇终于开始"演讲"了。他从历史谈到地理，又从地理讲到天文学，后来，又谈论最近发生在世界各地的事，最后他把话题转到了艺术上。

里德因奇确实令人佩服，因为他的谈话确实太有趣了，不仅是这些求知欲很强的孩子们，就连我也听得津津有味。但当他谈论到音乐时，犯了一个小小的错误。他说："德国有许多伟大的音乐家，无论在音乐领域的哪一方面我们都有大师级的人物。巴赫、莫扎特、贝多芬，还有帕格尼尼，他们都是伟大的人。"

只要稍有常识的人都会知道，帕格尼尼是意大利人，可是我们这位知识渊博的里德因奇先生却说是德国人。他话还未说完，我便发现了这个错误，但并没有立刻指出来。我想，他说了这么多，说一两句错话无关紧要。况且，以他的学识而论，他不可能不知道这是个错误，只不过是一时口误罢了。

可是，我的儿子卡尔却没有像我这样善解人意，而是立刻将这个错误指了出来。"里德因奇先生，帕格尼尼不是德国人。"卡尔大声说道。

听卡尔这样说，里德因奇的脸色一下就变了，他显得既尴尬又气恼。

我急忙向卡尔使了一个眼色，示意他不要再说下去。

遗憾的是，我这个过于认真的孩子并没有注意到我的暗示而是继续发表自己的意见："帕格尼尼是个伟大的音乐家，这一点完成正确。可他是意大利人。就是不了解他的人都会知道他一定不是德国人，因为一听他的名字大家都明白。"

卡尔说得完全正确，可是这种做法未免有些太过于直接了。

此时，里德因奇先生愤怒地从椅子上站了起来，狠狠地看了卡尔一眼："哦，我在这儿滔滔不绝完全是多余的。"

说着，里德因奇就向门外走去。

我想劝阻他，但根本没有用，因为里德因奇除了因学识而出名外，还以古怪的脾气而著称。

事后，卡尔问我："爸爸，难道我说错了吗？"

我说："你并没有错，可是这种做法不太妥。因为你这样当众指出了他的错误，他一定觉得很丢脸。你没有看他羞愧得满脸通红吗？"

卡尔不解地说："可是他的确错了呀，我又没有嘲笑他，只是说明了一个事实。"

我对卡尔说："里德因奇先生是个很高傲的人，他会认为这是在当众出丑。"

卡尔不服气地说："难道为了他的面子我就不坚持真理吗？"

　　我向他解释道："坚持真是理是好事，但你应该注意一下方法。假如你私下给他指出这个错误，他不仅不会气恼，说不定还会感谢你呢！"

　　卡尔问："为什么？"

　　我回答道："因为你坚持了真理又顾全了他的面子。要知道，坚持真理是需要有智慧的。"

　　由此看来，坚持真理，要讲究策略和艺术。不能硬碰硬，需要有机智、灵活的头脑，采取易于为人接受的方式、方法。掌握了这些策略，会对我们将来的为人处世大有益处。因而我们在生活中需要在这方面有意识地培养和锻炼自己。

第七章 智慧做事，事半功倍

ZHIHUI ZUOSHI SHIBAN-GONGBEI

像狼一样全面思考再行动

总而言之，希望你全面想问题，要分出你目前的任务何者主要、何者次要；不要单从一个角度看问题。

——摘自《傅雷家书·一九五八年三月十七日》

　　傅雷教导儿子全面地想问题，养成这个习惯很重要。你认为自己在思考问题时够全面吗？看看下面这个故事，你就可以知道，如何才叫作全面思考一个问题。希望你能够从中得到有益的启示。

　　小张和小王同时受雇于一家超级市场。开始时大家都一样，从最底层干起。不久后小张受到总经理的青睐一再被提升，从领班直到部门经理。小王却像被人遗忘了一般还在最底层打拼。终于有一天小王忍无可忍，向总经理提出辞呈，并痛斥总经理狗眼看人低，辛勤工作的人不提拔，反而提升那些吹牛拍马的人。

　　总经理耐心地听着，他了解这个小伙子。工作肯吃苦，但似乎缺少了点什么，缺什么呢？三言两语说不清楚，说清楚了他也不服。于是，总经理说，小王，你先别急，我们来做个实验。

　　"小王，"总经理说，"你马上到集市上去，看看今天有什么卖的。"

　　小王很快从集市回来说："刚才集市上只有一个农民拉了车土豆在卖。"

　　"一车大约有多少袋。多少斤？"总经理问。小王又跑去市场，回来说有十袋。

　　"价格是多少？"小王再次跑向集市。

总经理望着跑得气喘吁吁的小王说："请休息一会儿吧，看小张是怎么做的。"说完叫来小张，让他去集市上，看看今天有什么卖的。小张很快从集市回来了，汇报说到现在为止只有一个农民在卖土豆，有十袋，价格适中，质量很好，他还带回几个让总经理看，另外这个农民过一会儿还将弄几筐西红柿上市，据他看价格还公道，可以进一些货。这种价格的西红柿总经理可能会要，所以他不仅带回了几个西红柿做样品，而且把那个农民也带来了，他现在正在外面等回话呢。

小张由于比小王有心思，考虑问题周全，能多想几步，决定了他在工作上能够表现得出色，深得老板的赏识和重用。可以想见，小张这样的人，一旦机会成熟定能有所作为。全面思考问题，往往才能应对风云变幻莫测的世界，准确地做出判断。

在这一点上，有一种动物的能力很有参考价值，它就是狼。据动物学家观察，狼能够成为草原上的强者，靠的并非是一股蛮力。它们是很有自知之明的动物，在每次狩猎之前，狼都会细致地观察对手，进行细致的谋划，掌握猎物的行踪，了解地形地貌，然后衡量敌我双方实力，最后再果断地做出判断，是战还是不战？怎么战？在经过全面的思考之后，再准确地做出判断，这样就能有效地减少自身精力的损耗和群体的伤亡。

想想我们在生活中做事时，是不是有时确实存在一见到问题就简单处理的现象？没有多想几个"为什么"，也没有将与这一问题有关联的其他条件都考虑进去，这样处理问题往往不能达到满意的效果。有的人最终没有办法取得成功，不是因为缺乏创立一番事业的能力，而是缺乏全局思考的能力，因而没有办法做出有效的判断。

在实际生活中，如果我们能够避免思维上的直线式和习惯性，对问题多层次、多角度、多侧面地去思考，不忽略任何一个细节，甚至是逆向思维、发散思维，那么，有很多失误都是可以避免的。

好猎人只追一只兔子

至于后面两条，我建议为了你，改成这样的口号：反对分散使用精力，坚决贯彻重点学习的方针。今夏你来信说，暂时不学理论课程，专攻钢琴，以免分散精力，这是很对的。但我更希望你把这个原则再推进一步，再扩大，在生活细节方面都应用到。

——摘自《傅雷家书·一九五五年十二月二十一日晨》

一个人往往会有许多目标，但是，如果你想成功，你就得锁定一个目标，努力去实现这个目标。好猎人只追一只兔子，如果猎人面前有好几只兔子，他就不能专心地去追捕一只兔子，而是一会儿追这只，一会儿追那只，也许最后他一只兔子也追不着。

法国著名作家巴尔扎克年轻的时候就曾经历过这样的惨败，他曾经营出版、印刷业，但由于经营不善，他的企业破产了，并欠下了巨额债务。债权人经常半夜来敲他的家门，警察局发出通缉令，要立即拘禁他。那时的巴尔扎克居无定所，后来实在没有办法，在一个晚上，他偷偷地搬进了巴黎贫民区卜西尼亚街的一间小屋里。

他隐姓埋名，躲进这间不为外人所知的小屋子里。周围的难民根本没有注意到这位有些落魄，却踌躇满志的年轻人，他终于从原先浮躁不安的心志中平静下来，他坐在书桌前，认真地反思着，多年以来，自己一直游移不定，今天想做做这，明天又想改行做别的，始终没有集中精力来从事自己最喜欢的文学创作。他突然间顿悟，蓦地站起来，从他的储物柜里找出拿破仑的小雕像，放在书架上，并贴了一张纸条："彼以剑锋创其始者，我将与笔锋竞其业。"意思是说，拿破仑想用武力征服全世界，但他没做到，而我却要用笔征服全世界。事实上，最终他成功了！

可见，人要专心致志、一心一意坚持做事情，不能今天想当银行家，明天又想做贸易家，后天又想成为艺术家，那么最终将无所适从，一事无成。有一个有意思的哲理故事告诉我们就连吃饭睡觉都需一心一意。

有个信徒问慧海禅师："您是有名的禅师，可有什么与众不同的地方？"

慧海禅师答："我感觉饿的时候就吃饭，感觉疲倦的时候就睡觉。"

"这算什么与众不同的地方，每个人都是这样的，有什么区别呢？"

慧海禅师答："当然是不一样的！"

"为什么不一样呢？"信徒又问。

慧海禅师说："他们吃饭的时候总是想着别的事情，不专心吃饭；他们睡觉时也总是做梦，睡不安稳。而我吃饭就是吃饭，什么也不想；我睡觉的时候什么也不想，从来不做梦，所以睡得安稳。这就是我与众不同的地方。"

慧海禅师继续说道："世人很难做到一心一用，他们在利害中穿梭，囿于浮华的宠辱，产生了'种种思量'和'千般妄想'。他们在生命的表层停留不前，这是他们生命中最大的障碍，他们因此而迷失了自己，丧失了'平常心'。要知道，只有将心灵融入世界，用心去感受生命，才能找到生命的真谛。"

一心一意做事才能走向成功，这是慧海禅师多年修炼得出的真经，对我们每个人都有借鉴意义，特别是当我们在工作或学习上碰到困难时更有特别的意义。我们要反思，是否集中了精力，是否做到了专时专用，是否把精力全部放在工作或者学习上。

实际上，只要一心一意做事，没有什么不能做好。比如，吃饭时一心一意，有利于消化吸收，对增强体质大有好处；体育锻炼时一心一意，有利于消除疲劳，增强体质；睡觉时一心一意，不想其他的事情，很快就会进入睡眠状态，睡得踏实安稳；学习时一心一意，由于精力集中，易于攻克难点，学习效率大幅提高；工作时一心一意，就会减少差错，事情办得一帆风顺。

但有很多人高估自己的能力，认为自己精力充沛，头脑灵活，可以做到眼观六面耳听八方，做事情一心二意，甚至是三心二意，这山望着那山高，结果是猴子掰玉米，掰一个丢一个，结果还是只有一个。这样的人在生活中比比皆是，比如，他们吃饭时要看电视，遇到精彩的节目把饭忘了吃，等想起来时把冷饭匆忙吃掉，弄得脾胃虚弱，面黄肌瘦；体育锻炼时想着别的事情，老是分心不能进入角色，不能享受运动的乐趣；睡觉时听音乐，手机也不关，一个无关的信息就把他的睡意全部打消，导致他老是失眠；学习时本应认真听老师讲解，但一面听老师讲又一面看其他书籍，结果是老师的讲解没有听好，其他书也没有看好。由此可见一心二意的害处是多么大，严重影响一个人的日常工作和生活，需要引起我们的高度警惕。

同样，很多同学的成绩不能上去，做事情也不能做好，经常出错，绝大部分原因出在不能一心一意。一心二意的同学实际上比一心一意的同学更累，花费的时间更长，付出的代价更大，累计休息的时间更少，因而，在勤奋上一点也不比一心一意的同学差，但效果却是天壤之别。更严重的是，一心二意的同学搞坏了自己的身体，劳累了自己的精神，处于一种吃不美、睡不香、学不好的恶性循环状态，害处太大了。

所以我们无论做什么事情都要把自己的力量集中到一个点上，发扬滴水穿石的精神，用不了多久我们就会发觉自己取得了惊人的成绩。

重要的事重点办

> 你对时间的安排，学业的安排，轻重的看法，缓急的分别，还不能有清楚明确的认识与实践。这是我为你最操心的。因为你的生活将来要和我一样的忙，也许更忙。不能充分掌握时间与区别事情的缓急先后，你的一切都会打折扣。
>
> ——摘自《傅雷家书·一九五四年四月七日》

一个人要成就一番事业，首先就要学会统筹自己的时间，养成良好的运用时间的习惯。一天的时间如果不好好规划一下，就会白白浪费掉，就会消失得无影无踪！我们就会一无所成。成功人士都是以分清主次的办法来统筹时间，把时间用在最重要或者说最有"生产力"的地方。

1919年成立的伯利恒钢铁公司，当时还是美国一个很小的钢铁厂。公司总裁查理斯·舒瓦普向效率专家艾维·利请教如何提高管理效率的方法。

艾维·利声称可以在10分钟内就给舒瓦普一样东西，这东西能把他的公司的业绩提高50%。然后艾维·利递给舒瓦普一张空白纸，说："请在这张纸上写下您明天要做的6件最重要的事。"舒瓦普用了5分钟写完。

艾维·利接着说："现在用数字标明每件事情对您和您公司的重要性次序。"这下，又用了5分钟。

艾维·利于是说："好了，把这张纸放进口袋，明天早上第一件事就是把纸条拿出来，按上面标注的做第一项最重要的事，不要看其他的，只是第一项。着手第一项工作，直到完成为止。然后用同样的方法对待第二项、第三项……，直到您下班为止。如果你一天只完成了第一件事，那也不要紧，因为您总是在做最重要的事情。"

艾维·利最后说："每一天都要这么做，您刚才看见了，列一个工作计划只用了10分钟时间。在您对这个方法的价值深信不疑之后，就叫您公司的其他人也这么干。这个实验您爱做多久做多久，然后给我寄支票来，您认为值多少就给多少。"

一个月之后，舒瓦普给艾维·利寄去了一张2.5万美元的支票，这在当时是一笔很大的金额。舒瓦普在给艾维·利的信中说到，那是他一生中最重要的一课。

5年之后，这个当年不为人知的小钢铁厂，一跃成为世界上最大的独立钢铁厂，后来成为美国钢铁业的第二大巨头。

以重要性优先排序，并坚持按这个原则去做，我们会发现再没有其他办法比按重要性办事更能有效利用时间了。把精力集中在重要事情上，从重点上寻求突破，这是成功人士的一个重要的做事习惯，他们总是设法找出并控制那些最能影响他们工作的重要因素，这样一来，在实际工作中，他们避免了"胡子眉毛一把抓"，而且，他们就等于为自己的杠杆找到了一个支点，力求产生"四两拨千斤"的效率，他们做起事来比一般人轻松愉快的秘诀也在这里。

效法名人成功的秘诀，我们平时做事时也应根据事情的轻重缓急制定出一个序列表来。同时多动脑，充分发挥大脑的积极作用，这样自然就会事半功倍了。

那么，面对每天大大小小、纷繁复杂的事情，如何分清主次，把时间用在最有生产力的地方呢？有三个判断标准：

第一，我必须做什么？是否必须由我做？非做不可，但并非一定要你亲自去做的事情，可以委托合适的人去做。

第二，什么能给我最高回报？应该用80%的时间来做能带来最高回报的事情，而用20%的时间做其他事情。所谓"最高回报"的事情就是符合自己的"目标要求"或者自己会比别人干得更高效的事情。

第三，什么能给我最大的满足感？

最高回报的事情，并非都能给自己最大的满足感，均衡才有和谐满足，因此无论你做什么事情，在保证最重要部分已完成的基础上，总需要分配时间给那些令自己满足和快乐的事情，唯如此，学习、工作才是有趣的，并且易保持热情。

通过以上的"三层过滤"，事情的轻重缓急很清楚了，然后，以重要性优先排序（注意，人们总有不按重要性顺序办事的倾向），并坚持按这个原则去做，你会发现，自己的效率性和条理性越来越高了。

行动力决定成功率

> 自己责备自己而没有行动表现，我是最不赞成的。这是做人的基本作风，不仅对某人某事而已，我以前常和你说的，只有事实才能证明你的心意，只有行动才能表明你的心迹。
>
> ——摘自《傅雷家书·一九五四年四月七日》

　　傅雷在写给儿子的信中表达了自己最不赞成发现问题而不采取实际行动的作风。无独有偶，19世纪全球首富洛克菲勒在写给儿子的信中说："积极行动是我身上的另一个标识，我从不喜欢纸上谈兵或流于空谈。因为我知道，没有行动就没有结果，世界上没有哪一件东西不是由一个个想法付诸实施所得来的。人只要活着，就必须考虑行动。"看来，现在做，马上就做，是每个成功者必备的品格。

　　在四川的偏远地区有两个和尚，其中一个贫穷，一个富有。

　　一天，穷和尚告诉富和尚说："我想到南海去，你看怎么样？"富和尚笑了，他问："路途遥远，困难重重，加之，你没有盘缠钱，怎么去呢？"穷和尚说："我有一个水瓶，一个饭钵就足够了。"富和尚说："我多年来就想买船沿着长江而下，现在还没做到呢，你就凭这些去？"

　　第二年，穷和尚从南海归来，把去南海的事告诉富和尚，富和尚深感惭愧。

　　富和尚做太多的准备却迟迟不去行动，最后是徒然浪费时间。计划并非行动，也无法代替行动。就如同打高尔夫球一样，如果没有打过第一洞，便无法到达第二洞。而没有行动，什么都不会发生。我们无论如何也买不到万无一失的保险，但我们可以做到的是下定决心去实行我们的计划。

每个人在决定一件大事时，心里都会或多或少有些担心、恐惧，都会面对到底要不要做的困扰。但"行动派"会用决心燃起心灵的火花，想出各种办法来完成他们的心愿，更有勇气克服种种困难。下面故事中的罗文就是一个典型的"行动派"。

美西战争发生后，美国必须立即跟古巴的起义军首领加西亚将军取得联系。加西亚将军在古巴丛林里——没有人知道确切的地点，所以无法写信或打电话给他。但美国总统必须尽快地获得他的合作。怎么办呢？有人对总统说："有一个名叫罗文的人，有办法找到加西亚，也只有他才能找到。"

他们把罗文找来，交给他一封写给加西亚的信。而罗文接过信之后，并没有问："他在什么地方？"也没说："这个很难办到！"他拿了信，把它装在一个油布制的口袋里，封好，吊在胸口，划着一艘小船，四天之后的一个夜里在古巴上岸，消逝于丛林中，接着在三个星期之后，从古巴岛那一边出来，已徒步走过危机四伏的国家，把那封信交给了加西亚。

试想：如果罗文抱怨任务艰巨而思前想后，拖拖拉拉，迟迟不愿行动，能否完成任务？罗文的成功在于：立即采取行动，全心全意去完成任务——"把信送给加西亚"。有位哲人说："人们用来判断你的能力的真正基础，不是你脑子里装了多少东西，而是你的行动。"我们采取多大的行动才会有多大的成功，而不是我们知道多少，就会有多大的成功。所以，如果你现在想做一件事情，或有一个目标，那一定要立刻行动，唯有行动才能使我们取得成功。

要有现在就做的习惯，最重要的是要有积极主动的精神，从今天起，戒除精神散漫的习惯，要决心做个主动的人，要勇于做事，不要等到万事俱备以后才去做，永远没有绝对完美的事。培养行动的习惯，不需要特殊的聪明智慧或专门的技巧，只需要努力耕耘，让行动的汗水滴落在成功之花上即可。

高速并不等于高效

> 弥拉的意思很对，你们该出去休息一个星期。我老是觉得，你离开琴，沉浸在大自然中，多沉思默想，反而对你的音乐理解与感受好处更多。人需要不时跳出自我的牢笼，才能有新的感觉，新的看法，也能有更正确的自我批评。
>
> ——摘自《傅雷家书·一九六○年十一月二十六日晚》

我们知道浓墨铺满的画并不好看，画国画要讲究"留白"，在没有墨水的地方，显水天之空灵，凸画意之深远，谓之留白天地宽。我们的生活也需要留白。有些心怀大志的人，为了珍惜人生的光阴，习惯于将每天的日程排得满满的，不停地劳作，不停地奔波。然而太过劳累，学习和工作的效率并不高，因此苦恼愤懑。《菜根谭》里有句话："忧勤是美德，太苦则无以适性怡情。"过于辛苦地投入，则会失去愉快的心情和生活的乐趣。许多时候，我们需要放慢脚步，静下心来，冷静思考自己做出的选择，用心感受生活细节的诸多美好。

曾看到过一个成功人士的访谈记录，他说："如果用十分的力气，算是竭尽全力的话，我只会用八分，我要用余下这两分的时间和精力去注意天边的云霞，去凝视远处的山峦，去留意水中的涟漪，去聆听父母的叮咛，去欣赏爱人温柔的眼神和孩子纯真的笑脸……我要放慢脚步，尽自己的可能去发觉、去欣赏人生旅途中的每一道风景，而不是不留余地匆匆赶路。"

生活不是速度的竞赛，匆忙并不意味高效。金庸说："我的性子很缓慢，不着急，做什么都是徐徐缓缓，最后也都做好了，乐观豁达养天年。"放慢脚步不是无所事事，是蓄势待发，是积极、高智、从容应对生活的方式，能让我们的生活更加高效、优雅。

有一天，有一位公司的老板来拜访卡内基先生，这位老板在业界一直以忙碌著称。看到卡内基先生干净、整洁的办公桌，这位老板非常惊讶。于是问他："先生，你没处理的信件放在哪里呢？"

卡内基回答他："我所有的信件都处理完了。""那你今天没做完的事情又推给谁了呢？"老板又追问。"我所有的事情都处理完了。"看到这位公司老板困惑的神态，卡内基微笑着解释说："原因很简单，我知道需要处理的事情很多，但我的精力有限，一次只能处理几件事情，于是我就静下心来想一想，按照所要处理的事情的重要性，列一个表，然后依次处理。"

"我明白了，谢谢您！"这位老板匆忙地回去了。

几周后，这位公司的老板请卡内基参观他宽敞的办公室，他一改先前忙碌不停的作风，风度翩翩地介绍说："卡内基先生，感谢你教我处理事务的方法。过去，在我这宽大的办公室里，文件、信件堆积如山，因此得动用三张桌子，我整天被困在这些文件中透不过气来，加班是每天都必须的。自从用了你说的方法之后，我慢下来，一切都改变了。你瞧，再也没有处理不完的文件了。"

这位老板就这样慢下来，找到了处理事务的方法。后来，他成了业界人士中的佼佼者。

一个真正会学习、会工作、会生活的人应该做到"努力出汗不出血，拼脑拼劲不拼命"，拥有了这样的目标，才能拥有积极而又健康的生活。有些勤快人的"勤"，大多表现在他们整天忙忙碌碌，不在乎把力气花在多余的事情上，或者做一件事不在乎往来多少趟、花多少时间，这样是不会有效率的。

慢下来，静下心来，让自己从所做的事情中得到一种享受，改变因为太快而身不由己、来不及思考的"陀螺"态，是在这个浮躁时代保持一份清醒、一份独立和一份幸福的重要秘诀。

一个牧师曾在他的布道词里讲过这样一个故事：上帝给我布置了一项任务，让我牵一只蜗牛去散步。我心中很纳闷，可又不便推辞。尽管蜗牛已拼尽全力爬行，但每次都只是挪进那么一点点。我前行的速度完全被限制了。我又急又气。可是无论我如何催促、吓唬、责备乃至哀求，蜗牛仍然是慢慢腾腾的，还不时以抱歉的目光看着我，仿佛在说："我真的已经尽全力了！"

蜗牛"蜗行"的慢性子让我实在怒火中烧，禁不住对它又拉、又扯、又踢，最终把它弄伤了。蜗牛流着汗，喘着粗气，爬得更慢了。我真的想丢下它不管，但又苦于无法向上帝交代，只好无奈地任蜗牛向前爬，而我在后边生闷气。

待我放慢脚步、静下心情之时，忽然闻到了花香，我定睛一看，啊！原来这里是一个大花园。花园里开满了五颜六色的鲜花，姹紫嫣红、争相斗艳，蜜蜂在花丛间翩翩起舞，鸟儿在枝头引吭高歌，微风吹过，一阵醉人的花香扑鼻而来，多么美好啊！

以前怎么没有这些体会？霎时，我猛然醒悟：原来上帝不是让我牵蜗牛去散步，而是让蜗牛"牵"我去散步！

生活中放慢脚步，才能看到大自然的美好，才能领悟到生活的真正内涵。现代人匆忙、急促的脚步使人们忘却了生活中还有美好的东西就在眼前、就在身边，过于赶路往往错过了周边美好的风景。其实，放慢步伐，为心灵放个假，对我们有莫大的好处：我们可以认真审视自己走过的路，为接下来的生活调整方向。

"唯有偷闲人，憨憨直到老"。人的命运在大自然面前或在社会生活中不过是一粒微尘，好在我们还能尽情山水，用双脚丈量美丽的土地，用心灵呼吸自由的空气，"秋至满山多秀色，春来无处不花香"的生活就在眼前，让我们"偷得浮生半日闲"，静下心来去享受，给自己一点思考和体验的空间。

小节更惹注意，细节决定成败

有件小事要和你谈谈。你写信封为什么老是这么不neat（干净）？日常琐事要做的neat（干净），等于弹琴要讲究干净是一样的。因为无论如何细小不足道的事，都反映出一个人的意识与性情。修改小习惯，就等于修改自己的意识与性情。所谓学习，不一定限于书本或是某种技术；否则随时随地都该学习这句话，又怎么讲呢？我想你每次接到我的信，连寄书谱的大包，总该有个印象，觉得我的字都写得整整齐齐、清楚明白吧！

——摘自《傅雷家书·一九五六年二月二十九日夜》

在生活中，工作上，细节点点滴滴反映着一个人的品质和能力。人的成功不源自成就一两件惊天动地的大事，而是在于成就了每一个细节的态度。相反，许多事情，也往往败在细节问题上。例如，有这样一句俗语："丢了一个钉子，坏了一个蹄铁，损了一匹战马，折了一位将军，输了一场战争，亡了一个国家。"所以说"细节决定成败"。

因此，我们在为人处世时都应注重细节。有许多成功人士在做事时，就是把细节做到极致从而使自己出类拔萃的。

台湾首富王永庆也是一个注重细节的成功人士。当年他卖米时，总把米中的杂质挑出后出售，并且为方便顾客，他还上门送米，统计顾客用米情况，估计出下次送米时间。他还常帮顾客把米倒入米缸，并将旧米放在新米上面，防止旧米存放过久而变质。正是由于王永庆将每个细节都做得尽善尽美，才赢得了顾客的信任与青睐。这些细节仿佛一颗颗珍珠，时间之线把他们穿起来，成就了王永庆如珍珠般璀璨的人生。

正因为细节容易被人忽视，反而才更能体现一个人的真实品质。日常生活中，我们都只能在小节上表现自己的品质，而别人也更多依靠这些小节上的品质来评价我们。一个人想要树立良好的形象，必须注重自己在细节方面的完美。下一则故事中的比尔正是因为注重细节而得到了用人单位的青睐。

一批耶鲁大学的应届毕业生被导师带到华盛顿的国家实验室参观。坐在会议室里，学生们等待着实验室主任胡里奥到来。

这时，一位秘书给大家倒水，同学们表情木然地看着她，其中一个甚至问道："有黑咖啡吗？天太热了。"

秘书说："真抱歉，刚刚用完。"

轮到一个叫比尔的学生，他轻声地说："谢谢，大热天的，你辛苦了。"

秘书抬头看了他一眼，虽然这是客气话，却让她感到温暖。

门开了，胡里奥主任走进来，打着招呼，不知为什么，会议室里静悄悄的，没有一个人回应。比尔左右看看，犹豫了一下，鼓了几下掌，同学们这才稀稀落落地拍起手来。

胡里奥主任挥了挥手，说："欢迎同学们到这里参观。平时，都是由办公室负责接待，而我和你们的导师是老同学，这一次，由我亲自给大家讲一些有关的情况。同学们好像都没有带笔记本，秘书，请你拿一些实验室印的纪念手册，送给同学们。"

接下来，更尴尬的事情发生了，大家随手接过胡里奥主任双手递来的纪念手册。

胡里奥主任的脸色越来越难看，这时，比尔站起来，身体微倾，双手接过纪念手册，恭恭敬敬地说："谢谢您。"

胡里奥眼前一亮，拍拍比尔的肩膀："你叫什么名字？"

比尔照实作答。

两个月后，在毕业生的去向表上，比尔的去向栏里赫然写着某军事实验室。几个同学找到导师，说："比尔的学习成绩最多算是中等，凭什么选他，而没选我们？"

导师笑着说："比尔是人家国家实验室点名要的。其实，你们的机会完全一样，你们的成绩还比比尔好，但是，除了学习，你们要学的东西还有很多，比尔正是在为人处世的细节方面让人家看到了他优秀的品质。"

坚持在日常细节中表现优秀，而不只是在重要时刻才超常发挥，这样的人更值得他人依靠和信赖。

像这批耶鲁大学生那样，我们常常在等待展示才能的机会，反而白白把机会给放走了。因为我们往往忽视了细节，却不知道这些细节也是表现的小机会，它们聚合在一起的影响力，往往比一次重大机会的影响力更让人信服。

目标有多大，就能走多远

年轻人想要保卫艺术的纯洁与清新，唯一的办法是减少演出；这却需要三个先决条件：（一）经理人剥削得不那么凶（这是要靠演奏家的年资积累，逐渐争取的）、（二）个人的生活开支安排得极好，这要靠理财的本领与高度理性的控制，（三）减少出台不至于冷下去，使群众忘记你。我知道这都是极不容易做到的，一时也急不来。可是为了艺术的尊严，为了你艺术的前途，也就是为了你的长远利益和一生的理想，不能不把以上三个条件作为努力的目标。

——摘自《傅雷家书·一九六二年五月九日》

世上的人，有的认为"吃饭是为了活着"，为了心中的远大理想而活着；有的人认为"活着就是为了吃饭"，能够过上安逸的日子就足够了。于是，有的人成就了一番大事业，而有的人只能碌碌无为一辈子。德国戏剧家歌德曾说："人生重要的事情就是确定一个伟大的目标，并决心实现它。"苏联伟大的文学家高尔基也说："一个人追求的目标越高，他的才能就发展得越快，对社会就越有益。"

著名的发明家爱迪生，他在小时候只上过几个月的学而已，而且，他还因被批评为"愚蠢糊涂"的"低能儿"而被退学。然而，爱迪生后来却在留声机、电灯、电话、电报、电影等方面有重大的发明与贡献，在矿业、建筑业、化工等领域也有不少著名的创造发明和真知灼见，被称为"发明大王"。谁能想到这个被称为"低能儿"的孩子，长大后竟然能成为"发明大王"？爱迪生的成功难道只是偶然？他说："我的人生哲学是工作，我要揭示大自然的奥秘，并以此为人类造福。"

他在七十五岁时，还每天准时到实验室签到上班，他在几十年间几乎每天工作十几个小时，晚间在书房，会读三到五个小时的书。

爱迪生之所以能够如此孜孜不倦，最主要是因为他"揭示大自然的奥秘""为人类造福"的人生理想与奋斗目标。当心中有了伟大目标，才会让人朝目标的方向不断努力，不会因别人的眼光或种种因素而轻易地放弃。因此，爱迪生的一生过得充实而有意义。爱因斯坦也曾说："照亮我的道路，并且不断地给我新的勇气，去愉快地正视生活的理想，是善、美和真。人们所努力追求的庸俗的目标——财产、虚荣、奢侈的生活——我总觉得都是可鄙的。"

我们可以从很多的成功者身上总结出一条：他们之所以成功，就是因为他们都富于远见，有博大的胸怀和远大的目标，并自始至终为之不懈奋斗。

哈佛大学有一个非常著名的关于目标对人生影响的跟踪调查。调查的对象是一群智力、学历、环境等条件差不多的年轻人。调查结果发现：27%的人没有目标；60%的人目标模糊；10%的人有清晰但比较短期的目标；3%的人有清晰且长期的目标。

25年的跟踪研究结果显示，他们的状况及分布现象十分有意思。

那些占3%的有清晰且长期目标的人，在25年来从来不曾动摇过自己的人生目标，并朝着同一个方向努力，几乎都成为社会各界的顶尖成功人士。他们中不乏白手创业者、行业领袖、社会精英。

那些占10%的有短期目标的人，大都生活在社会的中上层。他们的那些短期目标不断实现，生活状态稳步上升，成为各行各业的不可缺少的专业人士。如医生、律师、工程师、高级主管，等等。

而那些占60%的目标模糊者，几乎都在社会的中下层面，他们能安稳地工作，但都没有什么特别的成绩。

剩下27%的是那些25年来都没有确定目标的人，他们几乎都生活在社会的最底层，生活不如意，常常失业，靠社会救济，且常常抱怨他人、抱怨社会。

这个实例调查也告诉我们：在通往成功的道路上，有博大的胸怀、远大的目标，将会为我们提供一个理想的发展平台，打开不可思议的机会之门。大胸怀和远见使工作轻松愉快。当我们努力把工作做好时，没有任何东西比这种感觉更愉快。因为那些小小的成绩是为更远大的目标服务的，每一项任务都是一幅宏图的重要组成部分，如使一个远见成为现实，就更令人激动了。

有个人在地上跟三个砌砖工人谈话。那人问第一个工人："你在干什么？"工人回答："我为拿工资而工作。"他用同样的问题问第二个工人，回答是："我在砌砖。"但当他问到第三个工人时，他热情洋溢地回答："我在建一座教堂！"

那三个人在做同一种工作，但只有第三个工人受到远见的指引，他找到了那幅宏图，宏图给他的工作增添了热情和价值。

更重要的是，大胸怀和远见会预言一个人的将来能够走多远。如果你有博大的胸怀和远见，又勤奋努力，那么你将来就会实现你的目标。

拥有远大的目标增强一个人的潜力，这样的人总是走一步看几步想几步，他往往思虑周密，能提前预知风云变幻，并采取相应措施。只要心中有了一个远大目标、一幅宏图，我们就会从一个成功走向另一个成功，把身边的条件作为跳板，跳向更高、更好、更令人快慰的境界。这样，我们就拥有了无可衡量的永恒价值，成就一番大事业。而在为实现理想努力的过程中，人生也会变得更加精彩。

责任心有多大，舞台就有多大

你不依靠任何政治经济背景，单凭艺术立足，这也是你对己对人对祖国的最起码而最主要的责任！当然极好，但望永远坚持下去，我相信你会坚持，不过考验你的日子还未来到。至此为止你尚未遇到逆境。真要过了贫贱日子才真正显出"贫贱不能移"！

——摘自《傅雷家书·一九六〇年一月十日》

　　1920年的一天，美国一位12岁的小男孩正与他的伙伴们玩足球，一不小心，小男孩将足球踢到了邻近一户人家的窗户上，一块窗玻璃被击碎了。一位老人立即从屋里跑出来，勃然大怒，大声责问是谁干的。伙伴们纷纷逃跑了，小男孩却走到老人跟前，低着头向老人认错，并请求老人宽恕。然而，老人却十分固执，小男孩委屈地哭了。最后，老人同意小男孩回家拿钱赔偿他15美元。而在当时，15美元是个不算小的数目，用那笔钱足够买125只母鸡！对于这个每天只有几美分零花钱的小男孩来说，这是个想都不敢想的天文数字。

　　小男孩向父亲说了这件事，当然是希望父亲会替他承担这份责任。可是他没想到，一直对他宠爱有加的父亲却要他自己来负责。小男孩为难地说："我哪有那么多钱赔人家？"于是父亲拿出15美元，严肃地对儿子说："这笔钱我可以借给你，但是一年后你必须还给我。因为，承担自己的过错是一个人的责任，你不能逃避。"

　　于是小男孩把钱付给邻居后，就放弃了平日里热衷的各种游戏，把课余时间都利用起来做自己力所能及的工作。经过半年左右的不懈努力，他终于挣够了15美元，并把它还给了父亲。父亲高兴地拍着他的肩膀说："一个能为自己的过失行为负责的人，将来一定会有出息的。"平生第一次，他通过自己的顽强努力承担起了属于自己的责任。

后来在美国经济大萧条时期，他的父亲也破产了。那时男孩大学刚毕业，但他主动负担起整个家庭的生活，并资助哥哥在学校学习。接着，他成为一位著名的电视节目主持人。但就在他处于新闻事业顶峰的时候，同样是出于强烈的责任感，他公开批评了自己所在电视公司的最大赞助商——通用电气公司，因此他不得不离开媒体界，从此投身政界。

然而，就在他获得自己梦想的政界职位后，又一场经济危机阻碍了他的前行之路。于是他又负担起了领导当时世界上第一强国走出困境的责任，最终，他把一个开始复苏的美国交到了继任者手中，他就是美国第40任总统罗纳德·威尔逊·里根。后来里根总统在回忆自己小时候打碎窗玻璃这件事时说："一个人要勇敢地承认自己的错误，要勇敢地承担自己的责任。只有勇于承担责任的人，才能成为一个大有作为的人。"

我们可以看到，正是由于里根总统从小就树立起了承担责任的信念，才让他承担起了家庭的责任，以至整个美国的责任。俄国作家托尔斯泰说："一个人若没有热情，他将一事无成，而热情的基点正是责任心。"有责任心的人，能够做到不因事大而难为，不因事小而不为，不因事多而忘为，不因事杂而错为。有了责任心，会弥补人很多的弱点。将责任心落实到行动上，时时处处为社会、为他人、为自己尽责的人，终究会成就一番事业。

责任通常有两个层面的理解：一是指没有做好分内的事，而应承担的不利后果或强制性义务。二是指分内应做的事，如职责、岗位责任等，或者自己承诺、答应了会做的事。对于一个人而言，责任心比才能更重要，这是因为：一个人的责任意识体现的是一种道德力量和意志力量，责任感是衡量一个人精神素质的重要指标。所以，许多用人单位在选拔人才时特别重视员工是否有责任心。

吉姆和朋友格尔前往一家公司应聘。那家公司待遇优厚，参与应聘的人不少。面试结束后，主考官说还需要复试一次，让他们5天后报到。

5天后，他们早早地来到了公司。公司老总亲自为他们安排了当天的工作——给每人一大捆宣传单，让他们到指定的街道各自发放。

吉姆抱着传单，来到了划定的地盘，见人就发给一张。有的人接过去了，有的人连理都不理，有的接过去就随手扔在地上，他只好捡起来重发。忙碌了一整天，可手上的传单还剩厚厚的一叠。

下午5点，吉姆拖着一身的疲惫回公司交差。走进公司办公室，他看见其他人都已经回来了。格尔一看到他就说："你怎么还留那么多传单在手中？"吉姆一看大家手上都是空的，心慌了。

老总问吉姆发了多少。他涨红着脸，把剩下的传单交给老总，难为情地说："我干得不好，请原谅。"在回家的路上，格尔一个劲儿地埋怨吉姆，骂他傻，并告诉吉姆自己的传单也没发完，剩下的全都扔进了垃圾桶，其他人想必也是如此。吉姆这才恍然大悟，心想这份工作自己肯定没指望了。

结果却大出意料。在那次招聘中，吉姆成了唯一的被录用者，让人感到很纳闷。

半年后，吉姆因为业绩突出，升任部门经理。在庆典晚宴上，他询问老总当初为何选择了他。老总说："一个人一天能发放多少传单，我们早就测试过。那次我给你们的传单，用一天时间肯定是发不完的。其他人都发完了，唯独你没有，说明只有你是认真踏实的，不投机取巧，也不弄虚作假，你对自己的工作负责任。答案就这么简单。"

吉姆感慨地对人说："那一次求职经历我始终不能忘记，它让我明白了一个受用一生的道理：对自己所做的事情负责就是对自己负责。"

从上述事例不难看出，一个人的责任心体现在他做事情的态度上，有责任心的人不管事情有多难，都会尽力而为，这往往让他接近成功或获得成功。只有那些能够勇于承担责任的人，才有可能被赋予更多的使命，才有资格获得更多的荣誉。

　　培养自己的责任心，是需要一生坚持的"自我修炼"课题，是需要自己放得下"依赖"意识，让自己乐意去接受、履行、承担与当时角色相当的义务与责任。如作为父母，要养育儿女，支撑家庭；作为儿女，要孝敬父母；作为学生，要好好学习；作为工作人员，要努力工作……责任能让我们时刻谨记生活目标，能使我们未来的事业更富于成就，家庭更加美满，责任体现了生命的全部意义。

与其烦恼不如静心思考

我劝你千万不要为了技巧而烦恼，主要是常常静下心来，细细思考，发掘自己的毛病，寻找毛病的根源，然后想法对症下药，或者向别的师友讨教。烦恼只有打扰你的学习，反而把你的技巧拉下来。

——摘自《傅雷家书·一九五六年一月四日》

有一位哲人说过："遇见问题就思考的习惯，比什么都重要，愈早养成愈好！"多动脑、勤思考是我们在做任何事情时应具备的良好习惯。像发现了地心引力的牛顿，他为什么对从树上掉下来的苹果产生疑惑？就是因为他善于动脑筋。

许多人把动脑思考称为人的第一重要能力。少年儿童都渴望自己成才，那么就要从现在开始养成多动脑、勤思考的好习惯。世界闻名的数学家高斯正是少年儿童学习的榜样。

高斯被誉为"数学王子"，他从小就善于动脑思考，常常能够创造性地分析问题和解决问题。他上小学时，老师在黑板上出了一道题：$1+2+3+\cdots\cdots+98+99+100=?$ 看谁算得又快又准。同学们立即忙碌起来。可是，高斯并没有立即动笔运算，而是对着黑板积极思考，一会儿，他把答案告诉老师，是5050。老师和同学们都觉得很奇怪，原来，高斯经过动脑思考，发现了规律：$1+100=101$，$2+99=101$，$3+98=101\cdots\cdots$依次运算，只要计算有多少个101就能很容易得出正确答案。这样，高斯就用比别人快得多的速度准确地算出了这道题。

　　不只在学习中，在现实生活中，做事动脑的人也总能为自己创造更多的机会。

　　有一个小孩名叫汤姆，待在家里过暑假的他感觉到很没有意思，于是便出去找工作挣钱。

　　他在一则招聘广告中找到了一个职位，要求应聘者在第二天八点钟到达招聘现场。第二天他准时到达了那里，此时已经有20个求职者排在前面，他是第21位。他心想，这么多人，要什么时候才轮到我呢？只怕没有轮到我就已经有合适人选了。于是，他想了一个办法，以此来吸引主试者的注意。他拿出一张纸，在上面写了一些东西，折得整整齐齐以后，将他交给了站在一旁的秘书小姐，并恭敬地对她说："小姐，请马上把这张纸条交给你的老板，这非常重要！"

　　秘书小姐有些不解地接过纸条，然后向老板办公室走去。不一会儿只听见办公室传来了几声笑声。原来纸条上写着："先生，我排在队伍的第21位，在您看到我之前，请不要做决定。"老板看了后不禁大笑起来，于是他吩咐秘书小姐告诉汤姆要他明天来公司报到。

　　当别人还在规规矩矩排队等候面试时，汤姆已经提前锁定了这个职位，这就是善于动脑筋的结果。

　　一个善于动脑筋思考的人总能在问题中发现机会，并能想出一个新的办法，给人以启发，汤姆无疑就是这样一个人。面对看似不可解决的麻烦问题时，还有一个像汤姆一样能动脑思考，并制造了转机的人，他就是下文中的"智多星"。

　　有一位有点钱的人不顾家人的反对，借给一个商人100万元，因为这样放贷可以得到30%的利息。

　　可是他却不小心把借据弄丢了，他到处寻找都没有，最后伤心地坐在躺椅上，心里痛惜地想：没有了借据，我怎么要回那100万？我真后悔没有听家人的意见，不然也就不会损失这一大笔钱了。

这时，他的好友来看他，这位好友是个"智多星"，平时很爱动脑筋，出了名的聪明。他向"智多星"述说了这个令他伤心的事情，好友听完沉思了片刻，就为他想到了办法。好友劝他说："你可以向那个商人要一个借钱的证据。"

"什么？向借钱的人要借钱的证据？"他不仅觉得困惑，认为简直是荒唐可笑。

"对，只有这个办法可靠。"朋友说："你马上给那个商人写封信，要求他尽早归还你借给他的150万。"

"我借给他100万，不是150万。"

"你让他还150万，他必定马上回信，说明他只欠你100万元，且未到一年的期限。这样一来，你手头不就有了证据吗？"

他听后觉得很有道理，便给商人写了一封信，编了一番理由要求商人尽快还钱。

果然不到两天，对方回了一封信，信中这样写道："请原谅我不能马上还您的钱，我们商定的期限是一年，至于借款的数目您搞错了，我只借了您100万，而不是150万，您那里有我亲自写的借据。"

就这样，他顺利拿到了证据，不但保护了100万元的资本，连30多万的利息也能顺利拿到了，他高兴地感谢朋友帮助自己摆脱了困境。

爱迪生说："不下决心培养思考习惯的人，便失去了生活中最大的乐趣。"这是因为，在生活中，我们经常会遇到问题，但是只要动动脑筋，有许多问题都能迎刃而解，还能让我们感受到解决问题后的成就和喜悦。

磨刀不误砍柴工

你此次上台紧张，据我分析，还不在于场面太严肃，——去年在罗京比赛不是一样严肃得可怕吗？主要是没先试琴，一上去听见tone（声音）大，已自吓了一跳，touch（触键）不平均，又吓了一跳，pedal（踏板）不好，再吓了一跳。这三个刺激是你二十日上台紧张的最大原因。你说是不是？所以今后你切须牢记，除非是上台比赛，谁也不能先去摸琴，否则无论在私人家或在同学演奏会中，都得先试试touch（触键）与pedal（踏板）。我相信下一回你决不会再nervous（紧张）的。

——摘自《傅雷家书·一九五四年九月四日》

美国第16任总统亚伯拉罕·林肯曾说："如果让我用6个小时来砍一棵树，我会用前面4个小时来磨砺我的斧头。"这正印证了中国的一句俗话，"磨刀不误砍柴工"，意思是说准备工作要做好，如果刀没磨好，如何顺利地砍柴？如果准备工作没做好，如何顺利地展开工作呢？

做准备是高效工作的前提。乍一看这像是浪费时间，用做准备的时间来投入工作不更好吗？直接开始工作不更好吗？但是，做了准备，你将能高效地工作；不做准备，你只会越做越累，这就是不同。许多事情失败的最终根源其实只有四个字：准备不足。

一个年轻的猎人带着充足的弹药、擦得锃亮的猎枪去寻找猎物。虽然老猎手们都劝他在出门之前把弹药装在枪筒里，他还是带着空枪走了。

"废话！"他嚷道，"我到达那里需要一个钟头，哪怕我要装100回子弹，也有的是时间。"仿佛命运女神在嘲笑他的想法似的，他还没有走过开垦地，就发现一大群野鸭密密地浮在水面上。以往在这种情景下，猎人们一枪就能打中六七只，毫无疑问，够他们吃上一个礼拜的。可如今他匆匆忙忙地装着子弹，此时野鸭发出一声鸣叫，一齐飞了起来，很快就飞得无影无踪了。

他徒然穿过曲折狭窄的小径，在树林里奔跑搜索，可树林是个荒凉的地方，他连一只麻雀也没有见到。

真糟糕，一桩不幸连着另一桩不幸：霹雳一声，大雨倾盆。猎人浑身上下都是雨水，袋子里空空如也，猎人只得拖着疲乏的脚步回家去了。

在看到猎物的时候才去装弹药，连作为一名猎手最起码的准备工作都没有做好，没有收获也是意料之中的事情。猎人的故事告诉我们，没有准备的行动，只能使一切陷入无序，最终面临失败的局面。无论做什么事情，都要事先做好准备。做好准备再出发，事先的准备对事情的顺利进行将起到不可估量的作用。如有一位年轻的创业者回顾自己在创业大赛中获奖时，谈到了凡事事前做好准备至关重要的切身体会：

从小时候，我就非常理解提前准备的重要性。上课前，我一般都对新课程进行提前预习，这样上课时才能充分理解老师的讲习内容，在被提问回答问题时就会表现良好。记得中学时读美国总统尼克松《领袖们》，介绍各国的总统都有做事提前准备的好习惯，印象最深的是英国首相温斯顿·丘吉尔，在重要场合的发言，他都提前反复背诵之后才会出场，别人都惊叹他的记忆力和才华横溢，实际上是他的"家庭作业"做得好。

在实际生活和工作中，我们会发现每个人在智慧和才能方面相差不会太多，但对待事情的专注程度和勤奋程度却差异极大。有成就的人对待事业和工作都有一个极其尊重的态度，就像接待一个非常重要的客人一样，他们要提前打扫好房间，换好整洁的衣服，准备好礼品或茶水、水果，这样才能赢得客人的好感。

后来，我报名参加了中央电视台《赢在中国》创业大赛，上周被通知进入前3000名，要在5月28日（星期日）进行面试。因为通知的内容非常简单，只告知了时间、地点、时长，所以感觉比较迷茫。为了做好充分的准备，我在周六的时候来到办公室，精心地挑选了自己的照片、设计了两幅欢乐园的宣传画，还把欢乐园的资料按最简单和最复杂的情况打印出来，并特意到超市买了几个塑料透明的文件袋。我判断，对我进行面试的可能不会是一个人，如果是几个人，我可以把我的简历和欢乐园简介每人都送一份。按规定，每个人的面试时间只有15分钟，如果我不能做出特别的表现，只讲了几分钟时间，很可能给评委留不下什么印象，我转身一走，他们马上就会把我忘记。如果我能留下一些简洁、美观的图片和文字资料，应该对推广自己和欢乐园有一些作用。

实际情况证实了我的猜想。报到的时候，因为我手里的材料是彩色透明的，首先就引起了门口负责接待的工作人员的注意，主动向我要过去看。我在面试等待的时候，有两个同来面试的人也主动索取观看。进入面试室，我先把自己准备的材料递上去，面试人员并没有置之不理，而是认真地翻看了一遍，然后才说："请你用3分钟介绍一下自己和你的参赛项目"。说实在的，如果我没有提前准备，3分钟的时长我真不知道怎么说。我不清楚面试人员会怎么评价我，但我自我感觉还算满意。因为有提前的充分准备，首先我在态度上就没有表现出慌张，而是自信和从容。另外，在去面试之前，我已经提前洗了澡、涮了牙，换上了新买的衣服，还在床上小睡了一会儿，这样在面试的路上和面试的过程中，我一直都有神清气爽的感觉。

最终，我充分的准备产生了作用。我良好的感觉也传达给了评委。

正如塞涅卡所说：机会总是眷顾那些做好准备的人。我们在生活中也要养成在做事前做好准备的习惯，甚至是出去旅游玩耍前也要做好准备，没想到吧？下面故事中的戴维就是我们学习的榜样：

暑假里，戴维去报了一个法语学习班。

父母问他："我们不是早就决定趁这个假期去法国旅游了吗？你不是也早就期盼着去巴黎吗？怎么现在却报班学习了呢？"

"是的，去法国看埃菲尔铁塔和凯旋门一直就是我的心愿。但是我想，如果等我懂一些法语之后再去，是不是更能深刻地理解法国的文化和那些著名建筑的深刻内涵呢？就现在这样去旅游，由于语言不通，我想我只会看到它的表面现象。因此，我决定学习一段时间的法语后再去。"

老戴维夫妇听完儿子的话后，很是高兴，因为现在他们有一个懂得行动前做好充分准备的儿子。

这正如有位哲人所说，"很多人没有准备好自己的眼睛，就算到了卢浮宫，也装不进任何东西到自己的生命里；很多人没有准备好自己的耳朵，在音乐厅一样听音乐会，他就不会有感动，不会有愉悦。"

此外，有些准备工作是不能一蹴而就的。尤其是学识和内心修养方面的准备工作都要经过长期的强化训练才能完成。所以，我们需严格要求自己，不要只在眼前有事情要完成时才做准备，即使目前没有什么任务，也要不停歇地锻炼自己的技能和充实自己的知识。不断地学习，不断地成长，不断地拓宽自己的视野，这样机会来临时我们已做好一切准备去抓住它。

追求完美，但不苛求

来信提到批评家音乐听得太多而麻痹，确实体会到他们的苦处。同时我也联想到演奏家大多沉浸在音乐中和过度的工作或许也有害处。追求完美的意识太强大清楚了，会造成紧张与疲劳，反而妨害原有的成绩。你灌唱片特别紧张，就因为求全之心太切。所以我常常劝你劳逸要有恰当的安排，最要紧维持心理的健康和精神的平衡。一切做到问心无愧，成败置之度外，才能临场指挥若定，操纵自如。

——摘自《傅雷家书·一九六〇年十二月二日》

有句广告词说："没有最好，只有更好！"任何不甘平庸的人，都应该不断追求完美，但是现实生活中的有些事实告诉我们：追求完美不能过头，过了头就变成了偏执，反而达不到完美了。比如下面故事中的班长。

身为班长的沈庆元，对自己的要求十分高，不管做什么事情，都会竭尽全力，对细节部分更是不肯轻易放过，事事都想争取接近完美。但在班级工作中，他并没有受到大家的好评，反而引起了同学们的一些不满。这种不满主要因为班长沈庆元过分追求完美，已经到了苛求的地步。

下个月，学校要举行一次全校性的歌咏比赛活动，各班级接到通知后，纷纷抓紧时间在排练。班长沈庆元负责组织全班同学的排练工作，排练前，沈庆元根据同学们的身高条件，排好了队形。排练的时候，班长就同学们的着装、表情、神态都给出了具体的要求，只要他发现有个别同学做得不够好，他都会要求全班同学重新排练。刚开始，大家还能积极配合，次数多了很多同学产生了厌烦的情绪。正当大家在认真排练，兴致正高的时候，他常常叫大家暂停，说道："刚才又有一个同学做错了，大家要把排练看成是真正的比赛，不能出一点差错，只有这样才能取得好成绩。"从而把气氛弄得很紧张。大家在排练的时候，十分担心自己会出错，会影响到整个排练的进程，为此注意力常常很难集中在一起，反而经常出错。在音调上，班长对大家的要求更加严格，在一个音节上，经过无数次努力，同学们还是很难达到要求。可班长就是不肯放过，一次又一次，无数遍地进行尝试，同学们的嗓子都哑了，可他仍然在坚持。"希望大家能再坚持一下，我们要一次比一次做得好，争取达到完美。"

同学们听后对他的意见也越来越大，认为他这样做太过苛求了，什么事都想办到最完美。殊不知这样一味地追求完美，带给同学们的是身心疲惫。"真不知道，班长这样过度追求完美，有什么意义？""无论我们做得再好，也无法达到完美。"

当同学们产生厌烦情绪，变得不配合时，班长也开始认识到了自己思想上的错误，凡事可以追求完美，但不能苛刻。班长思想转变了，工作方法改变了，同学们有了默契，在全校歌咏会上取得了很好的成绩。

追求完美的初衷总是最美好的，但如果不切实际地一味追下去，一心只想十全十美，最终往往是两手空空。故事中的班长能够及时认识到错误，是值得庆幸的。同样因不再追求完美而事业开始有起色的还有下面故事中的博比·琼斯。博比·琼斯是唯一一个赢得大满贯的高尔夫球员，包括美国公开赛、美国业余赛、英国公开赛及英国业余赛。他说："直到学会调适自己的野心，我才真正开始赢球。也就是，对每一杆球有合理的期望，力求表现得良好、稳定，而不是寄希望有一连串漂亮挥杆的成就。"美国著名的社会活动家、心理学教授赫伯特·西蒙曾说："'最好'是'好'的敌人。"他叙述了自己的事情。

他的祖母在他很小的时候给他讲过一个故事，他至今记忆犹新。当时，他为了纠正作业上的一个单词而把作业本弄破了。最后只好用一本新的作业本重写，那整整花了他半天的时间，他为这件事苦恼得很，不知道哪里出了错。他的祖母就告诉了他下面这个故事：

　　一个渔夫从海里捞到了一颗珍珠，他非常喜欢。令人遗憾的是，珍珠上面有一个小黑点。渔夫想，如果能把这个小黑点去掉的话，这颗珍珠将成为无价之宝。于是，他把珍珠去掉了一层，但是黑点仍在。再剥一层，黑点依然在。最后，黑点没有了，但珍珠也不复存在了。我们追求完美的代价往往就是将"大珍珠"也追求没了。

　　正如这个故事所说，有些人总是在追求完美，很难知足，总是渴望毫无瑕疵的生活。他可能浪费太多时间和力气去期待完美，结果却发现当下的事情越来越"失控"。

　　不完美是人生的一部分，我们不是完美无缺的，这是一个事实，我们越早接受这一事实，就能越早地向新目标迈进，懂得了这一点，我们就会尽享人间的风光。所以，我们必须追求完美，但不苛求完美，就是做任何事情都不迁就自己的惰性，绝不抱着"差不多"就行了的思想得过且过，力求做到最好，但不超越自己的能力极限，不违背人和事物的自然规律。

顺其自然不失为聪明之举

也切勿刻意求工，以免画蛇添足，丧失了spontaneity（真趣）；理想的艺术总是如行云流水一般自然，即使是慷慨激昂也像夏日的疾风猛雨，好像是天地中必然有的也是势所必然的境界。一露出雕琢和斧凿的痕迹，就变为庸俗的工艺品而不是出于肺腑，发自内心的艺术了。我觉得你在放松精神一点上还大有可为。

——摘自《傅雷家书·一九六〇年十二月二日》

傅雷十分看重艺术的真趣，他指点儿子在艺术实践时不要刻意求工，而应顺其自然，放松心态。其实，不仅艺术需要顺其自然，做任何事情的时候，顺其自然都不失为聪明之举。大自然中的毛毛虫给了我们许多启示。

河堤的树丛里，有三只毛毛虫，它们是从很远的地方爬来的。现在它们准备渡河，到一个开满鲜花的地方去。

一只说，我们必须先找到桥，然后从桥上爬过去。只有这样，我们才能抢在别人的前头，找到含蜜最多的花朵。一只说，在这荒郊野外，哪里有桥？我们还是各造一条小船，从水上漂过去，只有这样，我们才能尽快到达对岸。

一只说，我们走了那么多的路，已经疲惫不堪了，现在应该静下来休息两天。到时候，也许自然就有办法了。另外两只很诧异。休息？简直是笑话！没看到对岸花丛中的蜜都快被喝光了吗？我们一路风风火火，马不停蹄，难道是来这儿睡觉的？话未说完，一只已开始爬树，它准备折一片树叶。做成船，让它把自己带过河去；另一只则爬上河堤上的一条小路，它要寻找一座过河的桥。

而剩下的一只毛毛虫真的躺在树荫下没有动。它想，畅饮花蜜当然舒服，但这儿的习习凉风也该尽情享受一番。于是，就钻进一片树林，找了一片宽大的叶子，躺了下来。河里的流水声如音乐一般动听，树叶在微风中如婴儿的摇篮，它很快就睡着了。不知过了多少时辰，也不知自己在睡梦中到底做了些什么，总之。一觉醒来，它发现自己变成了一只美丽的蝴蝶。它的翅膀是那样美丽，那样轻盈，轻轻扇动了几下，就飞过了河。此时，这儿的花开得正艳，每个花苞里都是香甜的蜜汁。它很想找到两个伙伴，可是，飞遍所有的花丛都没找到——因为它的伙伴一个累死在路上，另一个被河水冲走了。

由此可见，顺其自然是一种平和安然的境遇、平衡融洽的状态、健康和谐的生命立场。顺其自然，我们会收获一份宁静淡然，生命的元气由此得到滋养，就会慢慢积淀更强大的力量，奇迹有时候便会在这样的生命状态中铸就。

19世纪朝鲜最著名的商人林尚沃，就是凭着自己顺其自然的理念，书写了自己极富传奇色彩的人生。

一天，有三个穷小伙不约而同来向他借钱，都说是要去做生意。林尚沃答应了，不过先只给他们各1两银子，要看5天后能赚多少钱再作决定。第一个小伙用银子买草绳做草鞋，挣了5分银子；第二个小伙买来材料做风筝，正赶上春节，好卖，挣了1两银子；而第三个则说，1两银子能干什么呢？他拿了钱就去吃饭喝酒，花到只剩1分，就买了张纸托人给林尚沃捎了一封信：我要去寺庙里读书，请提供些开销。林尚沃让人送了10两银子去寺庙。

5天很快过去了，林尚沃决定借给编草鞋的100两银子，借给做风筝的200两银子，而借给第三个人1000两银子。有人不解，问何故。

林尚沃说："编草鞋的兢兢业业，不浪费一分钱，不会饿死，但也成不了富人；做风筝的比编草鞋的聪明，有头脑，善于把握时机，但仅看到眼前的时机是不够的，他也许能成为富人，但成不了巨富；至于那书生，不为钱所累，顺其自然正是赚钱的最高境界。如果为钱拼命，根本挣不到钱；如果过分追逐，事业肯定失败。"

一年后，编草鞋的还清了本息，还开了一间铁匠铺；做风筝的贩卖盐和干海货，已经开了5间店铺；而写信的小子6年后才回来了，向林尚沃借10辆牛车，并要求安排些人。林一一应允。10天后，10辆牛车装满了质量上乘的6年人参回来了，所有人都大吃一惊，连林尚沃也感到意外。10辆牛车的人参值10万两白银。

那人道明了原委：他开始很穷，第一次借到了做生意的本钱时，他更想吃顿饱饭，吃饱喝足了后，他便想满足上学读书的渴望。第二次收到林尚沃给他的借款后，他已经念完了书，决定开始做生意。他喜欢深山老林的生活，偶尔也喜欢喝喝酒。他便用借来的钱全部买了人参种子，在深山老林里选中一处背阴的山坡，将种子随风撒下。然后开了家酒馆。6年过去，那片山坡已成参田，为他带来了巨额财富。为报答林尚沃，货值10万两白银的人参他只要了5万两，没费太大的力气挣了笔巨款，结果皆大欢喜。

不去刻意追逐，顺其自然者成大器，这是林尚沃的识人之道。他深知：成功有时并不需要刻意而为，一个人执着于目标苦苦追求，反而会为其所累；只有懂得放下，放下渴望成功的那颗心，顺其自然，才能得到最大的成功。

不过，放松心态、顺其自然并不代表可以随意而为。故事中的第三个穷小伙一直是有人生规划和目标的，先是吃饱饭，然后读书，最后做生意。顺其自然并不是漫无目的、庸庸碌碌。只是说在顺其自然的心态下更容易保持最佳的心理状态，从而充分发挥自己的水平，施展自己的才华，终将实现圆满的自我。